老屋创生

传统空间改造与更新

陈国慈 编

7大空间改造类别

25种老屋运营策略

多功能书店

文化场馆

民宿旅店

餐饮空间

艺术空间

创意复合空间

工作空间

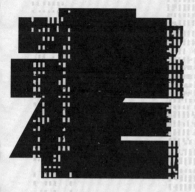

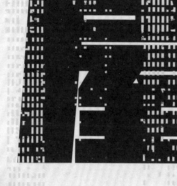

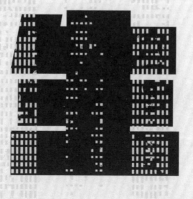

老屋创生

传统空间改造与更新

陈国慈 编

广西师范大学出版社
·桂林·

总策划的话

缘起 关于本书的诞生

迪化二〇七博物馆、台北故事馆创办人 陈国慈

从2002年开始到现在，我很幸运地展开了老房子活化再生的历程，突破了原本律师工作的范畴，成为一名老房子的守护者，与台北故事馆、抚台街洋楼这两栋市级古迹和2016年我所买下的历史建筑迪化二〇七博物馆结下深厚的缘分，负责照顾它们，并启动它们的新生命。我从无数来到老房子参观的朋友那里获得回应，感受到大众对老房子其实有着深厚的感情，并肯定老房子必须保存下来，因为它们是串联我们大家共同记忆的重要桥梁。为此，在这十几年中，我总以“老屋传教士”自许，看到朋友不忘问一句：“你有没有兴趣参与老房子活化的工作？”对方的回答总是诚恳而一致：“我家祖厝还空在那边呢！”或“我很有兴趣买一栋老房子。”但接下来，他们总是加一句“但我不知道要拿老房子做什么用”。这些犹豫和感叹，往往让原本有意愿认养老房的人最后还是选择缩手，这一份“不知要在老房子内做什么”的无奈也常令我感到不解与遗憾。

至于运营老房子的模式，我选择的使命，向来是找到一处合适的平台，向社会大众（尤其是年轻一代）推广并加深大众对文化资产和历史的兴趣与重视。所以连着三栋老房子的活化方式中，我都很自然地把老房子定位为迷你博物馆，并通过各种主题展览和文化活动吸引大众前来，认识它们和它们所见证的时代与回忆，进而懂得珍惜它们。不过，我所选择的经营模式，不见得适合其他老房子的主人，毕竟每一栋老房子和它的主人都有属于他们自己的客观与主观条件。

值得庆幸的是，近年来投入老房子再生工作的同道人越来越多，在几乎已被高楼大厦淹没的今天，你会不时地发现一栋破旧老屋摇身变为一颗美丽到令人喘不过气的闪亮钻石。我和我先生以及迪化二〇七博物馆的经营团队走访了不少得到再利用的老房子，深深感到我们一点儿都不孤单，原来老房子的运营使用竟如此充满创意，有太多惊喜了。

累积这么多美好的感动，我想，是否能以迪化二〇七博物馆为平台，将大家串联在一起呢？于是，我们决定邀约同样运营老房子的伙伴，记录他们改造老房子的故事，编出一本老房子再利用的“食谱”，让有兴趣投入这项工作的人有数据可参考，找到自己的灵感，并且发展出属于自己的老房子的新生命。

策划这本书的初心，便是如此简单。

由我担任总策划，这个概念逐步落实。工作团队花了两年，在多位专家老师的引导下，四处走访，以经营理念、使用模式、老屋使用权的获取、建筑特色为基准，把具有代表性的 25 个老屋再利用案例按照运营方式分为七个类别，再由撰稿人和摄影师详细介绍。非常感谢这些老房子的运营者不吝分享他们从整修到运营所遇到的困难以及化解冲突的方法，每个故事都充满浓浓的情感，十分动人。特别感谢傅朝卿教授对老房子再利用这个主题深有感触，慨然为序。

本书的出版，本意虽是为有志活化老屋的朋友提供参考，但我相信并且期待，对于有兴趣来一趟“老房子之旅”的朋友们，这本书也可以胜任大家找寻老房子惊喜的“最佳导览员”，一起开始行动吧。

目录

多功能书店

文化场馆

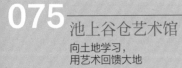

民宿旅店

餐饮空间

艺术空间

创意复合空间

多功能书店

喜爱阅读，就如同喜爱老屋一样，都是件孤独的事，
而在老屋开书店，
或许就是用一种静默又开放的姿态与人分享。

——卢文钧（现任主人）

建造时间
日据时期

以书换书，
为小镇注入新生

石店子
69有机书店

新竹县关西镇曾因伐木、采煤、制茶业的发达而兴盛一时，如今人口流失，仅余两万多，成为不折不扣的没落乡镇之一。不过，近几年，关西镇刮起了复兴风，从石店子老街到东安古桥等地区交织成一个文化生活圈，各式活动的举办为老年化的小镇注入新的活力，其背后的推手就是让这条老街活络起来的第一家店——石店子 69 有机书店（2014 年 12 月开业）。

店名中的“69”是门牌号；“有机”不是指书店兼卖蔬菜和水果，而是期待书店成为一颗萌芽后仍不断成长的种子。用“以书换书”的方式取代商业买卖，通过推广阅读来联结人与人、人与土地之间的情感，这就是石店子 69 有机书店的初衷。

缘起

中年转换人生航线，选择淳朴小镇落脚

“其实辞职下乡生活的念头酝酿快十年了，刚好当时有机会，就做了决定。”年近五十的老板卢文钧并非本地人，他在台北出生、长大，关西是他为自己选的新的家乡。他曾任职于品牌营销顾问公司，承接过许多与公共部门小区营造相关的项目。2014 年他与新竹县政府合作，负责关西地区的活化项目，那时便爱上了这里的氛围，关西镇就这么成为他行业转换的驿站。关西镇离台北不远，交通方便，老街仍旧保有淳朴的生活氛围，在一番评估后，他租下了一排废弃老屋其中的一间。

这间老屋建于台湾日据时期（注：该时期是指清朝签订《马关条约》割让台湾之后，1895—1945 年之间，台湾被日本帝国殖民统治的时期，又称为日据时代或日本殖民统治时期），是约 165m^2 的长条形街屋，外部砌砖，墙面用传统土埆所搭建，后来屋主陆续在内墙破损处以红砖和水泥修补，屋瓦则已改为铁皮。卢文钧回忆当初踏进老屋时，屋顶、墙面结构堪称完整，但已两三年无人居住，内部年久失修。“很多地方还积了厚厚的鸟粪。”他苦笑着说。

卢文钧选择关西镇作为他的新家乡，为老街注入活水

石店子街名由来

石店子老街号称“台湾地区最短的中正路老街”，是日据时期拓宽新街范围的道路，约从关西分驻所到牛栏河畔路段，盖有两列红砖拱廊式街屋。而关于石店子地名的由来，一种说法是此地早年有很多打石店；另一种说法是从客家话“sagdiame”音译而来，描述这里地面不平。

石店子 69 有机书店由老街屋改造而来

整修规划

小幅度改造，二手家具运用

喜爱阅读，就如同喜爱老屋一样，都是件孤独的事，而在老屋开书店，或许就是用一种静默又开放的姿态与人分享。卢文钧表示，本来只想把这里当成工作室，但他自己是个嗜书如命的书虫，过去还开过二手书店，于是转念一想，干脆从家中上万本藏书中选一部分搬来这里。但他又不想让买卖的铜臭坏了老屋的气息，便设定"好书交换"的方式，让大众拿书来换书，把书籍作为他进入当地、和街坊邻居打交道的媒介。

光线能让老房子展现生命力，卢文钧拥有老屋后第一个着手整修的地方，就

保留老屋原味，只做小幅度改造，展现土埆厝的乡土古意

店内首先改造完成的天井，让客人游逛书海之余可以一眼望见这方绿意

是拆除灶房，改造成现在的天井，他说："掀开天花板，把墙打掉做成玻璃窗，自然的采光让阴暗的室内整个明亮起来。"这也是店内柜台旁迷人的角落，他摆放盆栽，种植花草，让客人游逛书海之余，可以一眼望见这方绿意。

"但修完天井之后，我呆坐了好久，不知接下来怎么办。"卢文钧说当时他每天在房子内左思右想，感受老屋给他的信息，最后决定只做最小幅度的改造：磨石子地板凹凸不平，只用水泥填补坑洞；屋顶与墙的接缝处漏水，就用硅胶简单密封；而斑驳的墙面，更是故意保留着老屋原味，仅涂上一层透明漆以防止砖灰风化。他从家里找出儿子幼时的彩绘和拼贴画作，重新裱框，挂到墙上，童趣和土墒厝的乡土古意果然相搭。

刻意保留斑驳的墙面，仅涂上一层透明漆以防止砖灰风化

随意交换好书区

店内充满童趣的复古玩具

阁楼白天是小朋友最爱的阅读空间，夜里就成了一张平价的床

店内格局简单，卢文钧请设计师画了平面图、规划店内陈设后，又找木工做了一排排的木头书柜，而别的家具、灯具，甚至马桶，几乎都是朋友赞助或捐赠的二手用品，既环保又省钱。最后，他亲自到邻近的三义挑选了一扇木雕门，换掉了原本的铝门，书店的门面就此有了旧时代的氛围。历时三个月，整修的老屋挂起了书店招牌。

现今，一进门即是二手书店的营业空间与卢文钧的一方小书桌。他自己读书很杂，架上的书籍从世界文学经典、推理、科普到商业都有，没有制式分类，宛如书海，店内另设有“每月一书”展位，推荐他的当月选书与该书的相关报道，不分新旧。一楼前端保留老屋原有的小阁楼（旧时作为居住之用），他将原有的砖块地面与水泥台阶拉齐，铁栏杆扶手稍做补强，铺上榻榻米，墙面用几片横木做成半开放式的空间，摆满青少年读物与漫画。假日里，常有父母带着小孩前来，大人在楼下谈天、逛书店，孩子们“咚咚咚”地跑上阁楼，在榻榻米的靠枕上一倚，埋进书堆里，自成一个舒适的小世界。

书店的尽头是一道小门，通往卢文钧的房间。房间同样只是简单地修整了墙面、地板，几把老旧的木椅与藤椅上依旧堆满了书，用木板隔起的小阁楼搭上蚊帐，就是夜里栖居的床。他的房间再往后则是厨房，以及由旧时猪圈改造而成的厕所。最后面则是屋后的天井，如今那里已经变身为露台小花园，可以直接望见屋后的街道。

运营

以书易书，背包客栈体验乡下生活

石店子 69 有机书店采用“有机成长”的方式经营，一开始以书籍交换的模式运营：书店是一个交换平台，为了打破民众阅读习惯的框架，店内的书籍没有分类，人们可以带书过来自由交换，在离开时，将 20 元硬币投进小箱子，以支持书店运营。营业几个月后，卢文钧灵机一动，改变了运营形态，将书店的榻榻米小阁楼兼作民宿经营，拉起一块布帘，白天的阅读空间在夜里就成了一个平价的小床位，恰巧符合环岛骑行者、背包客的需求。尽管这里没有安装空调，炎夏时客人汗如雨下，但它在爱彼迎等民宿网站上仍获得了不错的反响。

这样独特的经营模式在新竹县文化局的协助宣传下，引起了各界媒体的注意，“毕竟在这人口外移的小镇上，这间‘百年老屋＋偏乡书店＋外地人’的组合，是一件有点新闻梗的事”。卢文钧表示，这家小书店至今已接受了 20 多家媒体的采访，进门的客人也从假日返乡的年轻人，慢慢拓展到外地观光客。

由于民宿反响热烈，次年他又租下隔壁的另一间老屋，将其打造成 20 世纪 60 年代乡间古厝风格的 67 老街客栈，不过度装潢，保留花砖、花布、斗笠等装饰品，唤起许多人对儿时外婆家的怀旧记忆。这家客栈内贴的红纸标语“好好生活、睡甜甜、心安安”，就是他对自己中年后回归乡间最贴切的心情写照。

（文／林欣谊　摄影／曾国祥）

石店子 69 有机书店与隔壁 67 老街客栈，成为老街上的美丽风景

石店子69有机书店

老屋创生帖

书店、旅店加小区的小旅行，
致力于文化、创意、产业三者结合，
创造地方新价值。

卢文钧

老屋再利用建议

1. 在老屋体验乡下生活，不装空调，不朝现代便利、舒适方向改造。
2. 光线能让老房子展现生命力，尽量引进自然光。
3. 尽量使用手工制品，如取代铝门的木雕门，营造旧时代氛围。

老屋档案

平面配置

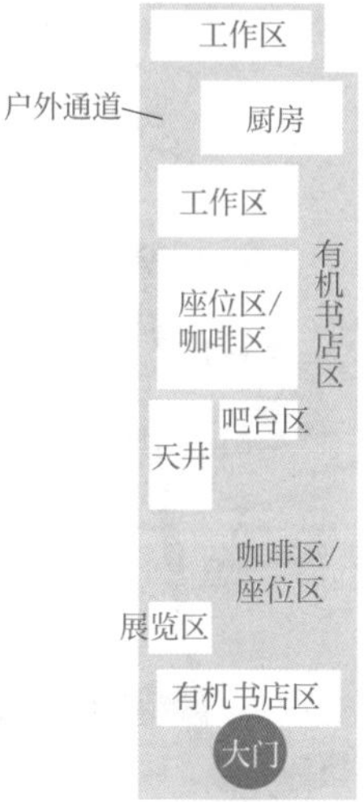

开放时间 / 周一至周日10：00—18：00
古迹认证 / 无
起建年份 / 日据时期
原始用途 / 一楼为商店，小阁楼为住家
建筑面积 / 约165m²
改造营业日期 / 2014年12月
建筑所有权 / 私人
经营模式 / 租赁
修缮费用（新台币）/ 20万元[1]
收入来源 / 民宿90%、文创商品10%

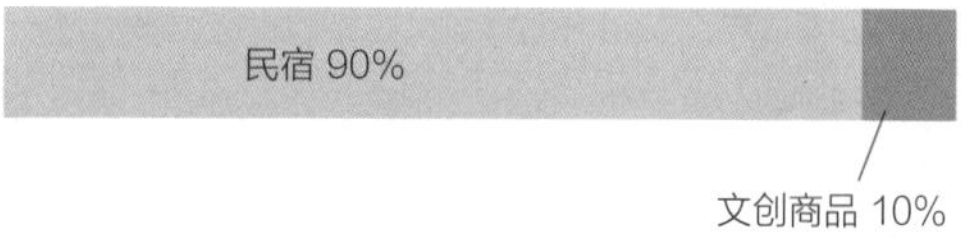

[1] 书中涉及的货币均为新台币，1 元新台币约合人民币 0.23 元。

顺着老屋自身的历史纹理，
一点一滴地将细节洗净、修缮后，不须磨亮，
美丽的光芒自然就会散发出来。

——黄志宏（现任主人）

建造时间
1931年

巷弄老宅，以书为市集

书集喜室

位于彰化县鹿港镇杉行街的书集喜室是一家由有着 80 多年历史的老宅改造而成的独立书店。对于运营者黄志宏夫妇来说，中年返乡，买间老屋开个书店，是一段不在原本人生计划中的意外旅程。虽说是意外，但从买屋、修复，到决定开店、调整运营方案，整个过程都是经过缜密的思考后所做的选择。夫妇两人发挥“傻瓜”精神，贷款买屋，没有申请任何补助，卷起袖子自己动手修复，开一家卖非畅销书的书店，贩卖一些利润不高的茶水及点心，如此看似不合时宜的做法，其实背后潜藏着一些他们所坚持的价值与信念。

缘起

用双手、用时间，自己修房子

都说房子会找主人，这似乎一点儿也没错。原本在台中成家立业并生活了

↑位于杉行街的书集喜室，立面牌楼有“郑永益”三个字，显示当时的屋主姓郑

↓→店窗依然用原始的窗板遮挡。黄志宏开店第一件事，就是把窗板一片片卸下

23 年的黄志宏、魏小顺夫妇，几年前动了想回鹿港生活的念头。他们感叹，在台中生活了这么多年，对台中却还是不熟悉，因为总是从一个盒子移动到另一个盒子。都市生活的匆忙让他们决定在中年返乡，“想回到可以散步的地方，生活多一点儿，工作少一点儿”。于是，他们委托中介找房，要求十分简单，房子小没关系，旧没关系，在巷子里也没关系，没想到中介带他们来看的第一间房，就是书集喜室所在的这栋杉行街老宅。

说起第一次见到这栋房子的印象，魏小顺说：“当初看到这间房子的立面，觉得根本就是豪宅。”不过，当她推开门走进去，才发现内部的屋况并不好，如同废墟，不只屋梁歪斜，二楼的楼梯、楼井也早已坍塌，无法上去，可是夫妇两人站在斑驳、颓圮的四壁之间，却同时都觉得心里很舒坦、很宁静，于是，即便超出了预算，他们也心甘情愿地买下了这间老宅，决心让房子恢复原本美丽的样子。

书集喜室老板黄志宏，用双手与时间慢慢打造老宅

“我们算了一算，只要继续原本的工作，再尽可能降低对外物的索求，也许就能付得起每个月的房贷了。”就这样，念头单纯的两人花了一年时间，慢慢用双手让房子恢复了昔日的光彩。他们都没有房屋修缮的经验，靠的是自己对老屋的解读。黄志宏学的是历史，魏小顺则有人类学专业背景，他们把这栋老宅当作回乡后的家，顺着老屋自身的历史纹理，一点一滴地将细节洗净、修缮后，不须磨亮，美丽的光芒自然就会散发出来。

整修规划

恢复格局与采光，加入现代生活需求

这栋建于 1931 年的鹿港老宅，前任屋主姓郑，老宅是当时最时兴的和洋折中建筑，外观立面具有日本大正时期的建筑特色，泥塑较多，屋内则是商住合一的长条形街屋格局。黄志宏说，衡量一栋建筑有没有价值，对政府而言，在乎的是建筑语汇，对大众来说，关注的是其能否活化再利用，但就他从事历史工作的角度来看，老房子就像是老契约，可以反映当时的许多事。

首先，空间格局反映了当时的生活及产业；其次，房子的所在地反映了时代变迁。杉行街从前因杉木贸易及相关产业而得名，老宅昔日主人最早便是从事杉木贸易，后来到彰化市改做布料生意，宅子也从商住合一的功能，转变为以居住为主。老屋主夫妇生了 12 个孩子，屋内曾经热闹非常，但随着孩子长大，移居他处，最后只剩老太太坚持住在老房子里，不肯搬离。然而，当老太太在 2011 年百岁辞世后，屋子快速老化，年轻的主人于 2013 年将房子转让后，新主人黄志宏决定要朝三个方向来修复老屋。

第一，恢复老宅空间格局。黄志宏完全没有改动屋内的格局，只在空间功能上稍做调整。穿过第一进的书店空间后，“厅后房”即映入眼帘，这里是昔日主人的卧室，而今化为喝茶、看书的空间。再走过长廊，以前的厨房被改为客厅，

老旧的红地砖引人发思古之幽情

仓库被规划为明亮的厨房，如果觉得阳光太刺眼，那就放上一盆植物挡着吧

有阳光洒落的后院空间，更显生气

天井内还留有一口古井，主人至今仍用井里的水洗地、浇花

而后方的仓库则被规划为明亮的新厨房，一旁的天井中还留有一口古井，主人至今仍用井水洗地、浇花。后院的茅厕变成了崭新的现代化厕所，只剩下红砖墙的浴室在新增了屋顶后，成为女主人的个人书房。有趣的是，后院里还有个日据时期留下来的防空洞，本来已被填上，没想到被细心的黄志宏发现了，挖了两周才让它重见天日，并在此设置了可爱的秋千，供人玩耍。

第二，恢复老宅通风采光。在那个照明设备和风扇都未普及的年代，屋内的设计必须很“智能”，老宅设计师除了设置了天井，还在二楼搭建了楼井，并在楼井的周围开窗，以增加屋内通风、引进日光。因此，黄志宏将二楼楼井和窗户修复成原本的模样，一楼窗户也照旧使用可以一片片卸下、装上的窗板，从而根据当日天气调整窗板位置，引进适度的风和阳光。书集喜室的一楼和二楼都没有

↑左上方为二楼楼井的原地板，右下方则是新铺上的木地板

→二楼楼井是采光通风的来源，明亮的空间也是喝茶的好地方

一楼书店后方的厅后房是前任老主人的卧室，现今化为客人喝茶、看书的空间

从前的防空洞，现在吊上了秋千供人玩耍

装空调，黄志宏说：“我们希望这是一种练习，练习用以前的智慧来打造舒适的现代环境。”

第三，在不改变格局的前提下，加入当代生活方式。两位新主人念旧但不恋旧，认为建筑的本体是为生活所用，而不是带有距离感的仅供观赏。因此，他们所打造的空间很有生活感，手上有什么东西，就直接拿来用：破损的窗框和建材在黄志宏的巧手下，化为店内的桌椅摆设；坐垫是用麻布袋缝制成的；厨房天窗的阳光直射过于刺眼，便吊上一盆植物来缓冲，既不影响采光，又能让植物晒太阳，两全其美。关于修理老屋，夫妇二人也将其视为一种日常，就像家里修电器一样，没有必要过于仿旧。“所谓修旧如旧，是指工艺、材料如旧，时间久了自然就有如旧的质感，而不是修起来要像旧的。”黄志宏一语道破现代人修老屋的迷思。

运营

用茶馆养书店，收入刚好就好

修复完老宅后，两人都觉得房子实在太漂亮了，加上空间也大，便抱着分享的心态，决定开门做点儿小生意，让大家都能看到这所老宅之美。但做生意并非两人的强项，看着家里满柜的书，他们想“不如来开书店吧”。书集喜室因而诞生，这里不仅是“以书为市集”的地方，更期盼成为让人“喜悦的空间”。然而，就在觉得生意“好像”做得起来之际，他们发现来书店看一看的人很多，曾创下单日近百人参观的巅峰，但是买书的人少得可怜，这样下去，环境、运营都负担不了，两人因此调整了经营方针。

调整后，第一进的空间依旧是书店，出售与历史、人文相关的书；二楼的楼井及第二进的空间则化为茶馆，以单价 45 ~ 60 元不等的有机好茶及手工点心来解客人之渴、口腹之馋，同时借由微薄的利润支撑书店及老屋，“我们只想营生，而不是赚大钱，所以收入刚好就好”。到目前为止，“用茶馆养书店”这招在书集喜室似乎是可行的。

营造属于家的生活方式

漂亮的房子自然会吸引人来，也曾有公共部门的补助找上门，但夫妇两人坚持不申请任何补助：“不是我们狂妄，而是因为这栋房子对我们来说，是家，不是补助对象。”若从家的角度出发，自然就很愿意慢慢地花时间、花心力，帮助房子重现自身神采，投入情感，让原本与自己毫无关系的建筑变成自己的家。“我

二楼楼井是采光通风的来源，明亮的空间也是喝茶的好地方

们想试试看小而美、深而远的生活方式，试着不靠外部资金援助，不做大，独立走走看。”幸运的是，书集喜室自开张以来，即便并不华丽，但其朴实、坚韧的特质也吸引了不少知音踏进门来。黄志宏说，当初他们修复这间老宅还有一个目的，就是证明老的东西是有价值的，尤其现在，不管是鹿港当地还是其他地方，都有许多老屋面临被拆除的危机，老屋的精神、价值更应该被彰显出来。他也强调，每间房子都有不一样的历史、故事，修复老屋就是抱着尊重的心态，让自己退到解读的位置，把往日的脉络找回来，带入当代的生活方式，如此，房子无须刻意营造，自然就会很美。

（文、摄影／高嘉聆）

书集喜屋

老屋创生帖

尊重老宅历史纹理，找回往日脉络，
并带入当代生活方式，
以书店及茶馆的收入维持营生

黄志宏

老屋再利用建议

1. 老空间应带入当代的生活方式，可视使用需求在空间功能上稍做调整。
2. 修复老屋须抱有尊重的心态，找回往日脉络，房子无须刻意营造，自然就很美。
3. 没有必要过于仿旧。所谓“修旧如旧”，是指工法、材料如旧，不是修起来要像旧的。

老屋档案

平面配置

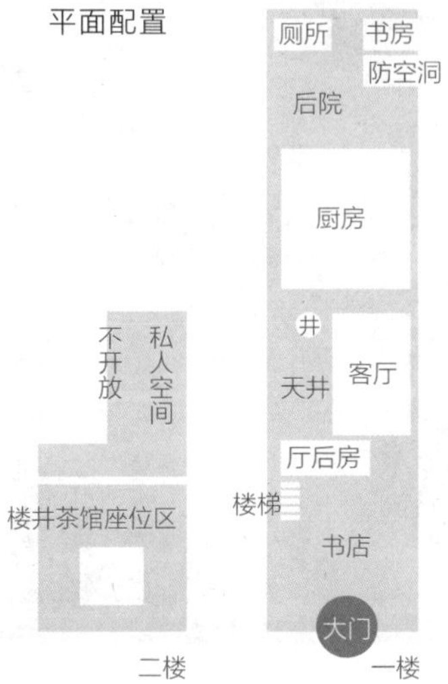
厕所
书房
防空洞
后院
厨房
井
天井
客厅
厅后房
楼梯
书店
大门
一楼
不开放
私人空间
楼井茶馆座位区
二楼

开放时间 / 周三至周日11：00—17：30（周一、周二固定公休；其他店休日会在脸书发布公告）

古迹认证 / 无

起建年份 / 1931年

原始用途 / 住宅兼店铺

建筑面积 / 145m^2

改造营业日期 / 2014年4月

建筑所有权 / 私人

经营模式 / 购买

修缮费用（新台币）/ 200多万元，不包括自制桌椅、书柜、摆饰等

收入来源 / 茶馆60%、书籍销售40%

茶馆 60%
书籍销售 40%

要如法国大革命时期的沙龙一般，
能让云林当地文化人在此齐聚分享。

王丽萍（现任主人）

建造时间
1941年

旧日糖都的文化复兴

虎尾厝沙龙

建筑为水泥结构，洗石外墙，拥有八角楼屋顶，混搭了日式、西式与本土风格

日据时期的云林县虎尾镇是产糖重镇，一度拥有“糖都”的美名，大量的糖销往海外，地方经济贸易活络，文化荟萃。今日，尽管往日虎尾的糖业荣光不再，那时盖起的一栋栋新式建筑，却依然在新时代里伫立着，隐藏在镇中心巷弄里的虎尾厝沙龙，就是其中之一。这栋融合了日式和西式特色的老屋深深打动了它后来的主人王丽萍，她在 2009 年底决定买下它，2011 年以独立书店之姿正式开张运营。

虎尾厝沙龙所在的老屋有着八角楼屋顶、仿八角楼的空间设计、日式水泥瓦、东方风格的木造门窗，混搭了日式、西式与本土风格的建筑，不但吸引了各地游客特地前来一探，更成为镇上文化人聚会的沙龙空间。

缘起

一见钟情，贷款买下老屋

兴建于 1941 年的虎尾厝沙龙老屋，原本的屋主叫吴澜。生于嘉义的吴澜，选择在云林虎尾落地生根，经营中药铺，于是在镇上最热闹的黄金地段盖起了这栋当时最时髦的屋子当住宅。建筑是水泥构造，外墙有着洗石墙面；屋内有5个不同用途的房间，每个都有日式的多窗设计，厅堂上方还有半圆形的牛眼窗，而后方通往中药铺的走廊上方，挂的是当时最时兴的台湾地区制造、热销欧美的“牛奶灯”。

个性豪爽的王丽萍，人称“萍姐”或“辣董”

王丽萍是土生土长的云林人，通过云林青商会的朋友得知了这栋老屋出售的消息。她回想当时见到这栋老屋的第一印象，直言：“就是煞着啦！（一见钟情之意）”于是，她向银行贷款，以总价一千多万买下这栋老屋。

整修规划

细心洗漆，找回老屋容颜

王丽萍接手这栋老屋时，已是第二任买主，因此产权清楚，水泥造的屋子结构也大致完善。唯一需要大幅修缮的是屋内的窗户和墙面，因为后人漆上了大片天蓝色油漆，突兀的色彩和建筑洗练、简约的风格丝毫不搭。

进行整修的第一步，就是去掉屋子后刷的漆面。只是，王丽萍连续找了两个施工队伍，都没有人肯答应。王丽萍解释，传统施工队多半使用喷砂法，或是利用机器刨除漆面，尽管两种方式都能够找回墙面原本的质地，却会连带着把屋子因历史和时间遗留的风霜痕迹也去掉，而最能保留原样的洗漆技法，却少有师傅懂得如何操作。

最终，其中一个队伍的师傅有意尝试，只是过去从未使用过类似的技法，双方不知如何估价。最后，王丽萍和师傅达成协议：由师傅领着学徒小工施工修缮，按日计费。老屋的修复工程终于有了着落，但房子才修了一间，工钱就已高到离谱，第一周请款费用高达十万元。看到请款账单后，王丽萍大吃一惊，一度想过是否要暂停修复工程，并向公共部门申请补助，然而申请流程旷日废时，眼见屋子半新半旧，“头都洗了一半了”，王丽萍干脆硬着头皮，靠着自己撑了下去，最后总共花了 50 万元。

虎尾厝沙龙入口长廊，上方有西式牛眼窗的设计

王丽萍自称是位挑剔的业主，对美的要求也有不妥协的独到见解。她认为，求美不难，就是在细节处讲究，任何小处都不放过。为了衬托老屋的历史感，王丽萍利用各式老物件，“老老”相映，因此屋内的沙发、台灯、桌椅、吊灯，甚至连招待客人的咖啡杯，都是王丽萍四处搜集而来的老物件。“美丽，是一种力量。”王丽萍说。

屋外的庭院设计也大有来头，像入口处的钢雕围墙，是王丽萍特地找艺术家王忠龙设计的价值上百万元的大型艺术装置；区隔旁边建筑的枕木围墙，是用她在阿里山找到的废弃铁道的枕木制作的；别人种树，仅仅讲究树种，她却连“树的表情”也要在意，为了找寻合适的树木，彰化（花卉盛产地）田尾公路上的每家园艺店，她至少都跑过三次。

入口处的钢雕围墙，是艺术家王忠龙的设计

←↑屋内的沙发、台灯、桌椅、吊灯，连招待客人的咖啡杯，都是王丽萍四处搜集来的老物件

为了搭配虎尾厝沙龙的历史，王丽萍特地选择古董来装饰空间

屋内有 5 个不同用途的房间，每个都有日式建筑的多窗设计

人们可以来此点盏灯、看本书，虎尾厝沙龙希望云林当地文化人能在此齐聚分享

设计、整修、筹资，全都由王丽萍自己一手包办，一方面是她豪爽、干脆的个性使然，另一方面也是因为她明了每年云林县政府规划用于旧屋修缮的预算不过数十万元，杯水车薪。没有政府的经费支持，王丽萍修复这栋屋宅的标准也没有下降，费用早已超过政府规定。例如，类似虎尾厝沙龙的老屋，有的为了使用方便，采用了塑料防水，再外覆瓦片以维持旧样，但王丽萍仍坚持用桧木片作为防水层，从里到外维持传统技法。

运营

不赚钱的书店，要做精神的生产者

经过 15 个月的整修工程，这栋被命名为“虎尾厝沙龙”的老屋在巷内熠熠发光，但更重要的是，这栋老屋还肩负着云林知识传播和文化交流的使命。

王丽萍当初一见到屋子，就决定未来要做一家独立书店。她透露那是多年前就埋下的想法，2003 年，虎尾镇唯一一家书店金石堂关闭，王丽萍便立下“若有机会要让虎尾再有书店”的心愿。因此，她决定做书店之后，“虎尾厝”的名字立刻浮现在她脑海中，而后面的“沙龙”二字，则是因为关心女性话题的王丽萍想起了17世纪一段难得由女性主导的西方文明史——在法国大革命爆发前夕，许多贵族夫人不甘做个传统女性，时常邀请作家文人共聚畅谈。王丽萍希望虎尾厝也能如法国大革命时期的沙龙般，让云林当地的文化人齐聚分享。

2011年7月，虎尾厝沙龙独立书店正式开张，主打“生态、性别与另类全球化”特色。然而，台湾地区的出版社多半聚集在北部，南部仅有一家发行商，图书仅能以原价的七折进货，若再加上税，价格丝毫没有优势。好在王丽萍和数家文史社科出版社都有私交，也因此免去了图书的进货烦恼。

虎尾厝沙龙除了作为书店之外，每周都会举办三四场讲座，频率很高，却

虎尾厝沙龙独立书店主打“生态、性别与另类全球化”特色

场场爆满。除此之外，书店也举办过展览、市集，以及很多主题多元的文化活动，如邀请闽南语诗人陈明仁分享台湾地区的歌谣，为高中生举办性知识启蒙讲座，举办国际纪录片影展……这些活动最初都不向参加者收费，直到近来才酌情收取部分费用。

尽管开张初期，图书市场还不算低迷，但经营一家独立书店仍属不易。客源该从哪儿来？对于这个问题，王丽萍早早拟订了计划。她深知一家书店不可能满足所有客人的需求和偏好，因此，从开张那天起，她便锁定云林及周遭县市一带关心公共话题的知识分子或文化工作者为主要客户。尤其是云林文化资源相对较少，她认为更有理由创办这样的沙龙空间。“少数人的阅读和听讲权利，一直是我多年来所强调的。从早年创办电台节目，到今天的虎尾厝沙龙，都是如此。”王丽萍说。

墙上挂的“台湾查某出头天”正是王丽萍的写照（注：“查某”是女人的意思）

虎尾厝沙龙除了作为书店外，也提供了文化交流的平台

成立至今，除了灵魂人物王丽萍以外，虎尾厝沙龙还聘请了两位专职工作人员，每月开销在十万元左右。王丽萍坦言，光靠卖书和店内提供的餐饮服务无法达成收支平衡。但为了让更多人来到书店，扩大公共话题的传播度，未来王丽萍还打算调降店内的消费费用。

书店不赚钱，王丽萍丝毫不担心，她笑言明白自己的个性，从小就是个

“精神的生产者，务实的消费者”。最初，虎尾厝沙龙成立时，其公共使命本来就高过赢利目标，因此，“只要亏损还在承受范围内，我就会继续做下去”。王丽萍对盈亏看得淡然。她认为自己是个幸运的人，尤其长年任公职，累积了许多人脉与资源，背后也有人支持她的理念。然而，不见得每位投入老屋修复运营的人都有这样的条件。她建议，或许可以整合资源，利用彼此的优势相互支援。而且，修复老屋没有浪漫可言，进驻老屋前，屋况、屋龄都要细细评估，而最重要的是老屋的运营一定不能脱离生活。

（文／刘　枫　摄影／刘威震）

虎尾厝沙龙

老屋创生帖

为少数人打造平等阅读、听讲的平台，在老屋里致力于文化交流、思想激荡。

王丽萍

老屋再利用建议

1. 修复老屋没有浪漫可言，进驻老屋前，屋况、屋龄都要细细评估。
2. 最重要的是，老屋的运营必然不能脱离生活。
3. 可整合资源，利用彼此的优势相互支援。

老屋档案

平面配置

开放时间 / 周三至周日10：00—17：30（每周一、二公休）
古迹认证 / 历史建筑
起建年份 / 1941年
原始用途 / 住宅
建筑面积 / 330m^2
改造营业日期 / 2011年7月
建筑所有权 / 私人
经营模式 / 购买
修缮费用（新台币）/ 1600多万元
收入来源 / 餐饮70%、书籍销售30%

文化场馆

把老房子当作一个历史舞台，
讲述自己的故事。

——陈国慈（现任主人）

建造时间
1962年

一个活的博物馆，
让老屋自己说故事

迪化
二〇七博物馆

迪化二〇七博物馆是个有着丰富活化与运营经验的年轻博物馆

台北市迪化街一段 207 号是一栋建于 1962 年的三层楼老街屋，前身是知名中药铺广和堂，如今在法人陈国慈的活化运营下，成为小区里的一家小型博物馆，以门牌号“迪化 207”为名，用老房子来说自己的故事。

陈国慈是公认的台湾地区私人认养古迹的第一人，自 2002 年起，台北故事馆、抚台街洋楼等都在她手上转型改造。她拥有十多年古迹再生的经验，尤其钟爱迪化街独特的氛围，想在老城区推动老房子再利用，这个心愿终于在 2016 年得以实现。她买下的这栋位于街区转角的老屋，开启了她和大稻埕的缘分。

缘起

创办新博物馆的养分，来自经验的累积

陈国慈在认养台北故事馆期间，从行政、装修、策展、经营等各方面都开创了古迹运营的先例，累积了宝贵的经验，其个人形象与故事馆运营皆备受赞誉。

2015 年，陈国慈因接下台湾表演艺术中心董事长一职，结束了台北故事馆长达 12 年的运营。“我的收获很丰富，跟台北市政府合作也很愉快，但我也看到了替政府看守古迹的另外一面。其中最大的不确定性，是经营者跟政府的合约需要每三年一续，我连着续了四次约。可是这个三年一续约的规定对运营者来说却是一种风险。比如说，我不敢做超过三年的计划；聘人也很麻烦，如果第二年需要用人时，我只能跟对方签两年约，因为我的约都不一定会继续，怎么敢跟人家签长期约？”她慢慢地解释，一口清脆的普通话略带香港口音。

因此，陈国慈打算用另一种更灵活、更持久的模式，重新推动心底念兹在兹的台湾地区古迹新生。她看到在台湾很多人喜爱老房子，也有很多人家里有老房子，可是不知如何利用，所以她想将几个使命合并在一起做做看。首先，是提倡

建筑正立面铁窗上有前身“广和药行”字样（图为 2015 年瓦豆 / 江佶洋作品《光曜》）

博物馆骑楼磨石子地板上的蜜蜂采蜜图案

陈国慈是台湾地区私人认养古迹的第一人，拥有十多年古迹再生的经验

私人将自宅提供出来做小型博物馆；其次，她观察到各地已不流行建造巨大的博物馆，转而在老城区里的老房子中寻找目标，让老城区和房子双双活化，成为一股受欢迎的新兴潮流。

一直钟爱迪化街的她，认为迪化街是整个台湾地区少有的一条“活”老街，“活”是指此地的少数民族都还在，许多百年药店、南北货店，都在此延续了三四代。于是她决定从这里着手，在活的老城区中造一个活的博物馆。“把它当作一个历史舞台，让老房子讲述故事。我觉得这是台湾的每一个老城区都应该去考虑的事情。”陈国慈说。

前身为广和堂药铺，现在是“我们”的房子

可是在迪化街买房很难，因为少有房子出售，不是屋主舍不得，就是产权有问题，但陈国慈还是决心要买自己的房子，一劳永逸地解决租赁续约的问题。找了一年多，终于听说广和堂药铺的房子要出售，这让她喜出望外。

“我早就注意到这个房子了，因为它与迪化街其他房子不大一样，有一点点西式，别人是两层，我们是三层；别人是斜顶，我们是平顶；别人转角过去就是另一个店铺，我们却拥有整个转角完整的店面。这个房子在2009年被指定为历史建筑，对于投资者来说这是扣分的，对我而言却宝贝得不得了，因为私人能拥有的历史建筑真的不多。”陈国慈一谈起这个房子，总是用“我们”来称呼，连人带房，亲密无间。

整修规划

让人走进来“看到老房子的原貌”

买下老房子之后，要想将其转变成博物馆，硬件是第一个要面临的考验，就连最基本的电都成问题。

工程师报告："这里的电，大概只够点十来个灯泡，然后发动一两台电风扇。"这让陈国慈感到十分惊讶："什么意思啊？我的迪化街邻居不是有开空调吗？"

"哦，那是因为迪化街更新电缆时，这房子可能没有人在，所以就跳过去了。"工程师说明情况。

陈国慈只好亲自去电力公司申请电力，填了十来张烦琐的表格，过了三四个月，电力团队终于来了，从巷底牵来一条特别的电缆供电。然而，在大伙欢欣鼓舞庆祝通电时，陈国慈又意外地发现有触电危险。

陈国慈希望老屋整修要满足再利用需求，但保留老房子的原貌

“有一天，刚洗过磨石子地，还挺舒服的，我就脱了鞋子走来走去，觉得很好玩，踩到某个区域时，突然感到我整个脚底是麻的，当时心想：糟糕了，我是不是中风了？”陈国慈生动地描述此生第一次触电的体验。就因为这次意外触电，他们检查之下才发现，屋里的电线全都烂掉了，于是将整个房子的管线全部换新，又花了将近三个月。

凡事谨慎小心的陈国慈，要求老屋整修既要满足再利用需求，又要保留老房子的原貌，十分讲究细节。门窗油漆本是特别的绿色，得调配多种绿颜料，分别在晴天、下雨天、傍晚看，才定下配色方案；五金零件已掉落，想保存原来的样式和功能，就不得不到处找零件；新安装的器具，必须“隐形”，不影响原貌。“老屋整修花了一年零七个月。因春、夏、秋、冬四季都经历了，所以我知道季

博物馆顶楼观景区，可眺望迪化街传统红瓦的屋顶

2017年，正式开幕展出的“台湾磨石子”主题大受欢迎

节在这里的变化：哪里太阳特别晒，要放什么窗帘；哪里风大，要设计什么来挡。这一次我觉得准备时间很充足，因为不用着急，这是我自己的地方。”陈国慈一步步构筑出心中的理想所在。

运营

以自家磨石子地，完成漂亮的第一击

2017 年 4 月 15 日，迪化二〇七博物馆正式开幕了。让老房子说故事，展览是最好的桥梁。首展以“台湾磨石子”为主题，其灵感便来自自家的磨石子地。因展出备受好评，台北松山文创园区特别邀请陈国慈做巡回展，四周内参观人次累计近五万。开馆至今，迪化二〇七博物馆已举办九场与老建筑及生活文化相关的展览。

迪化二〇七博物馆除陈国慈外，由馆长和正职人员分别担任功能主管，5 位

兼职导览人员及 65 位导览志愿者轮流在开放日服务。2017 年开馆，两年内已有 22 万人次参观，这样的参观人数反映的是一个博物馆的经营策略——如何让人一来再来，也反映出团队的活力以及项目的发展与时代的脉动是契合的。通过多年经营台北故事馆，陈国慈自身累积的信用让收藏家更乐于参与迪化二〇七博物馆的策展，这让陈国慈感激得不得了。

从筹备开馆到漂亮的第一击，陈国慈特别感谢默契度极高的工作伙伴：“我最幸运的是团队皆为台北故事馆的老同事，他们一听到迪化二〇七博物馆的计划，虽然各自都已有很好的工作，但都回来了。”包括开馆时，第一批志愿者中也有十多位是台北故事馆时期的伙伴，“志愿者的管理和经营博物馆一样需要专业能力，除了遵守志愿服务相关法规的基本规定外，我们更重视每一次与志愿者见面

2019年“旧的不去”修补展于骑楼下举办开幕活动

的机会，如每天执勤前会说明今天要做的事情，结束时会总结当天的问题，每天至少与志愿者接触两次，并利用休息时间讨论访客的参观状况，还不忘借由特展进行考核”。陈国慈强调，迪化二〇七博物馆团队的认真态度，志愿者也看在眼里，放进心底。

精准设定参观族群，让人一来再来

运营博物馆不仅要做好分内事，更要听取大众意见。“我们每半年做一次问卷调查，超过 50% 的访客是慕名来到博物馆的，目前回客率约有 20%，这数据让我相当欢喜，表示大家已知道这里展览内容时常更新，所以不会只来一次。”陈国慈说，很多再生古迹的问题就是参观者来过一次就不会想再来第二次了，而迪化二〇七博物馆却是个活的平台，一年有四场展览加上讲座活动，这样源源不绝的活力，吸引大家不止一次回到这栋老房子。另一个让陈国慈很有感触的数据，是参观者年龄大多在 30 到 40 岁之间，正是她所瞄准的推广客群。“这是我们要的年龄层，他们上有父母，下有孩子，代表了三代人。我们还希望让更多孩子发现老房子的可爱，然后愿意来这里爬上爬下，玩得开心。年轻化是我们的使命，也因运营台北故事馆时期累积的经验，让我们这一次精准切入目标。”

“你的风景我家门窗”特展，台北展完后移师台南，让南北不同区域的大众得以分享展出内容

关于不收费，有各种考虑

迪化二〇七博物馆不收参观费，这不免令人担心博物馆如何维持运营。对此，陈国慈坦言：“我不是完全不在乎钱，但要考虑利弊，一收费

“无所不在的艺术——台湾磨石子”特展移展至松山文创园区

就得多请人来管理这个系统，然后又要报税，产生一大堆后续的麻烦。最重要的是，不必为了几十元而坏了人们在迪化街逛街的游兴与情绪，不值得！”因此，不收费，不做募捐，也不找会员，这是迪化二〇七博物馆的运营策略。陈国慈幽默地形容，募捐活动最后会成为对朋友的压力，资金虽主要来自她个人，但她很欢迎跟其他单位合作举办展览与艺文活动，通过成本分摊，整合资源，一起推广老房子活化的理念；也向市政府申请私有古迹补助，这也是做事者的美好权利。她说：“这是自己心甘情愿的，要有心理准备：我永远是这个馆的安全网。我们要努力开发资源，但不能依赖社会大众给予长期捐款。这是不切实际的。”

目前，工作团队除了完善运营迪化二〇七博物馆的空间，也在积极、努力地策划巡回展，增加参观者数量与展览效能，像“你的风景我家门窗”特展，台北展完后移师台南，与台南市政府的台南文资建材银行合作，让南北不同区域的大众得以分享展出内容，促进博物馆和其他单位的合作交流。此外，为了鼓励社会大众参与老房子的活化，迪化二〇七博物馆策划编写了这本谈老屋新生的书，借由 25 处老房子再利用的案例，从各种运作的可能性中找到一些灵感，陈国慈戏称这是一本“老房子的食谱”。

迪化二〇七博物馆是个有着丰富活化与运营经验的年轻博物馆，近两年释放出的能量与创意，已让迪化街北街（有别于永乐市场所在的南街）更加富有活力。陈国慈期待迪化二〇七博物馆的活化模式能够带给各界参考，让更多运营老房子的人能够一起热闹、愉快地投入。

迪化二〇七博物馆

老屋创生帖

在活的老城区中，
用老房子营造一个活的博物馆，
讲述自己的故事。

陈国慈

老屋再利用建议

1. 老屋整修要尽量做到让人“看到老房子的原貌”。
2. 老屋再利用需要有非常明确的目标，这样在整修规划时才能发挥每个空间的最大效益。
3. 地方政府有针对老屋再利用的补助计划，可从中寻找合适的补助计划申请经费。

老屋档案

楼层分布图

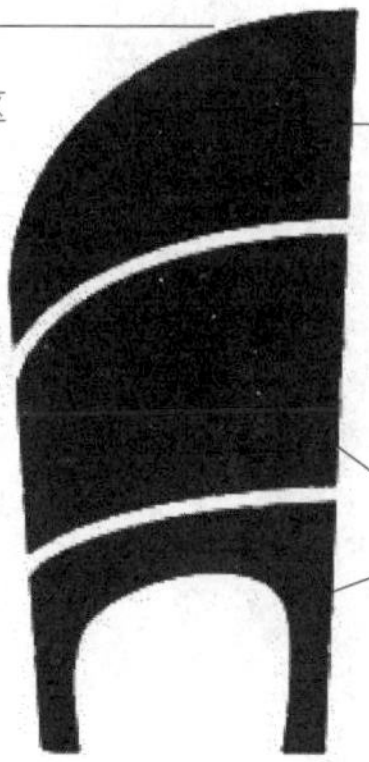

开放时间 / 周一至周五（周二休馆）10：00—17：00；周六、日及法定假日10：00—17：30
起建年份 / 1962年
古迹认证 / 历史建筑
原始用途 / 中药铺兼住宅
建筑面积 / 约330m^2
改造营业日期 / 2017年4月
建筑所有权 / 私人
经营模式 / 购买
修缮费用（新台币）/ 约800万元
收入来源 / 个人赞助70%、政府补助计划30%

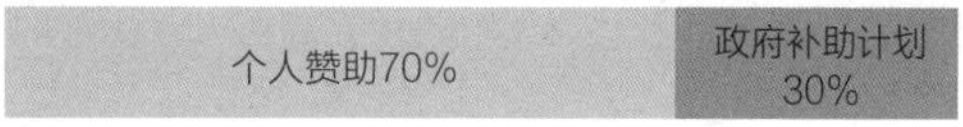

我很喜欢待在有旧氛围的屋子里，去咖啡厅也爱找老屋空间。
后来因缘际会落脚大稻埕，感觉很自在，
就像回到母亲子宫一般。

———— 林经甫（现任主人）

（图片提供/台原亚洲偶戏博物馆）

建造时间
1918年

在大稻埕
实践偶戏大梦

台原亚洲偶戏博物馆与纳豆剧场

在台北旧城区大稻埕，与热闹的迪化街仅一街之隔的西宁北路上，红砖建筑纳豆剧场与绿树相映，比邻的台原亚洲偶戏博物馆则为瓷砖立面的现代主义洋楼，从一楼的玻璃门面就可见到明亮的室内和聚光灯下吸睛的戏偶。伫立在大稻埕的这两栋建筑，是由日据时期进春茶行的制茶工厂与仓库活化改造而来的，为妇产科医师林经甫所擘画推动，也是融合当地木偶戏历史最具体的存在。

缘起

开启戏偶收藏的不归路

林经甫的偶戏大梦，自 40 岁后开始萌发，他不仅成立了台原出版社、台原艺术文化基金会，还两度扩张用于展览其收藏的偶戏博物馆。林经甫本业与戏剧沾不上边，也非偶戏研究专家，但他对戏偶收藏的热情，却已化为内在的使命。“我一向从文化的角度思考，而且生性不爱认输，只要投身一件事，就要一路拼到底。”

20 世纪 80 年代初，林经甫偶然在日本的古董店、博物馆发现十几个台式传统木偶戏偶与六角棚戏台，瞬间想起童年时随阿姑在台南戏院看木偶戏的情景。这份悸动一直延续到 1989 年，他重返日本横滨，大手笔买下古董店中所有的木偶戏偶，又通过关系买回真西园剧团早期流落到日本的戏台，从此踏上收藏的不归路，至今耗资上亿，所藏戏偶多达上万个。

创办偶戏馆，老宅变身戏偶展示室

早在“老屋新生”变得流行、大稻埕蜕变为知名文创街区的 2000 年左右，林经甫便在民乐街成立了大稻埕偶戏馆，即今台原亚洲偶戏博物馆的前身，更开风气之先，聘请荷兰籍偶戏研究专家罗斌担任馆长，两人合力打造国际化的偶戏博物馆，同时创办台原偶戏团和纳豆剧团，演出原创的偶戏剧目。

“我在台北市中山区长大，生活在现代住宅里，但不知为何很喜欢待在有旧氛围的屋子里，去咖啡厅也爱找老屋空间。后来因缘际会落脚大稻埕，感觉很自在，就像回到母亲子宫一般。”林经甫感性地说。

几年后，因原偶戏馆的空间不敷使用，于是林经甫另寻他屋，买下现存于西宁北路、原为周氏家族进春茶行的部分建筑，包括原建于 1918 年的砖瓦木造制茶工厂与两栋 20 世纪 30 年代的洋风茶栈（茶叶仓库）。

进春茶行的创办人周卯，为当时台湾地区向泰国市场推销茶叶的第一人。茶行成立同年，周卯在迪化街 72 巷 25 号（后来因马路拓宽，原址门牌改为西宁北路 79 号）兴建制茶工厂（今纳豆剧场）。制茶工厂为传统一层闽式建筑，夹

每次走进纳豆剧场，林经甫便会找个位置坐下，往椅背上一靠，自在地感受整个空间

台原亚洲偶戏博物馆为砖混凝土、洗石子立面的四层洋楼，原作茶叶仓库使用

层为储物空间或居室。位于今西宁北路 79-1~3 号的茶栈（今台原亚洲偶戏博物馆和台原艺术文化基金会所在地）与工厂相通，建于 1931 年，是砖混凝土、洗石子立面的四层洋楼，当时作为茶叶仓库使用。林经甫透露，曾将台湾地区产的茶叶远销欧美的大稻埕茶叶巨子李春生是林经甫母亲石锦华的外祖父，因母亲与大稻埕的渊源，他从周氏后代手中购得老屋。

林经甫回想当初，大稻埕一带的屋主大多守着代代相传的老宅，出售率很低，他能觅得这几幢老屋，全靠缘分。“我第一眼看到房子时，就有一种感觉：这是我的未来。”他原本想将茶栈三连栋一起买下，但中间栋的现任屋主不想出售，“所以现在博物馆与基金会中间相隔一栋楼，这是最大的缺憾”。

偶戏馆保留老唐磨石子阶梯

红砖建筑的纳豆剧场

纳豆剧场二楼工作走道、灯架以及波浪形靠背的观众席→

整修规划

以保留老屋味道为原则

与西宁北路平行的，东为迪化街，是条人潮熙攘的南北货老街；西为贵德街，聚集了布庄和茶行。西宁北路上的老屋几已拆除殆尽，如进春茶行这般保存良好的日据时期建筑实属难得。

将年久失修的茶栈变为偶戏博物馆是项大工程。全程参与改造的馆长罗斌回忆："当时茶栈连屋顶都快塌了。"整修时，屋顶上的木梁换成了钢制房梁，腐朽的木地板改成了瓷砖地面。最能代表老厝的旧物件，是为了节省空间而偏陡设计的连通四层楼的转角楼梯，至今仍保留磨石子与木造的结构。如今，虽然走来

二楼陈列着偶头雕刻大师江加走的作品；另一个展示间为“丑容院”，诠释现代剧场的喜剧元素

偶戏馆一楼特展区，木偶戏大师陈锡煌过去曾在这里工作

略显陡峭不便，但罗斌坚持："这就是老屋原有的味道。"

纳豆剧场原是制茶工厂，建造年代比茶栈更久远，修复过程更加旷时废力，今日还留有日据时期的红砖、洗石子残迹、石造的墙基与木造梁架等。"我认为大稻埕最美的就是闽南式建筑，我们也向这个方向修复它。"林经甫与建筑师徐裕健合作，让红砖大面积露出，成为现在整栋建筑的最亮眼之处。为了配合剧场空间的需求，走道上方设置了多处舞台灯光设备所需的丝瓜棚、灯杆及天车；一楼的观众席设计成靠背呈波浪形的成排座椅，可容纳五六十位观众。

运营

推广与传承并重，老师傅现场坐镇

2005 年，大稻埕偶戏馆正式从民乐街搬迁到此。林经甫将一栋茶栈改造为博物馆，起初为纪念他父亲取名为林柳新纪念偶戏博物馆，在 2015 年更名为台原亚洲偶戏博物馆；另一栋为台原艺术文化基金会办公室。制茶工厂则作为纳豆剧场的表演厅。表演厅原本为剧团自己使用，在 2012 年获得市文化局补助重新整修后，现已开放营业，供各界剧团租借使用。

目前，博物馆规划有常设展和特展等，一楼左侧的大窗口内，除了是特展空间，过去也曾常年延请木偶戏大师陈锡煌驻馆，每天在这里教学、雕制戏偶，并参与馆内的剧团演出。邀请大师坐镇，显现出博物馆对木偶戏传承与推广的决心。

如今二楼中央的镇馆之宝，是林经甫从日本"救"回的真西园百年老戏台。他回忆当年迎回彩楼时，特地邀请戏团创办人王炎参观。"他一摸到这熟悉的戏台，马上流下泪来。"戏台对面陈列着偶头雕刻大师江加走的作品；另一个展示间则以炫丽的化妆镜搭造成戏剧化空间，诠释现代剧场的喜剧元素。三楼是戏剧之神田都元帅的供坛，还有展示世界各类型木偶的傀儡馆与示范教学用的小戏台。

三楼为展出世界各类型戏偶的傀儡馆，包括台湾金光木偶戏偶、皮影戏偶、傀儡戏偶等

纳豆剧场与偶戏馆建筑外的装饰

二楼中央的镇馆之宝，是林经甫从日本“救”回的真西园老戏台（图片提供/台原亚洲偶戏博物馆）

四楼阳台重现越南水傀儡演出的水塘场景，供参观者亲身体验操作。博物馆致力于展示与教学，多年来接待了无数参观团体，孩子们更是对戏偶大感惊奇。老屋与没落的木偶戏仿佛共生，让人缅怀那个逝去的时代。

不只是静态纪念，也要“活”的保存

对于戏偶，林经甫想做的不只是静态的纪念，台原偶戏团与纳豆剧团的演出便是“活”的保存，多年来在罗斌的带领下，以北部传统木偶戏结合当地戏曲和京剧技巧，融合艺师、乐师及画家的创意，已打造了《大稻埕的老鼠娶新娘》《马可·波罗》《丝恋》等十多出经典偶剧，还在50多个国家和地区演出过。林经甫希望借由生动的表演，让大众感受到木偶戏文化的魅力，在人们心中种下对偶戏难以忘怀的爱。在过去的这些年里，偶戏馆努力成为一个偶戏平台，借由展览、演出、演讲、受访进行推广工作，收入主要来自参观和演出的门票、政府补助、企业赞助等，鼎盛时期的偶戏馆、剧团和基金会共有15名员工，但现已减至7人。林经甫语重心长地说：“随着年纪增长，我的责任感多过成就感，如何照顾、传承偶戏馆，是最大的问题。”罗斌坦言，偶戏处于文化圈边缘，

偶戏馆是小朋友校外学习的好地方

近年处境每况愈下，对此他相当感伤和无奈。近 20 年来，林经甫几乎自掏腰包维持运营，目前偶戏馆以参观、教育为主的阶段性目标已经达成，他决定未来要转型为“数字典藏”，“毕竟展示的空间有限，我想把自己收藏的上万个戏偶全部拍照建档，开放给全世界在线利用；实体偶除了展出之外，也希望结合现代美术、艺术甚至流行音乐，做各种创意的演出”。

针对古迹活用，他认为目前官方的补助方式太过一刀切，没有针对性，他建议针对不同的产业，补助标准和比例应该不同，如不能将餐厅和博物馆混为一谈，林经甫也提到近年台湾地区文创发展“逐渐被客户绑架”，理想性消失，因此他对大稻埕的街区发展另有想法：“我想做大稻埕的文化改造，一定要有创意，但是……现在先保密！”他眼睛一眨，仿佛华丽的蓝图就在眼前。

（文／林欣谊　摄影／曾国祥）

台原亚洲偶戏博物馆与纳豆剧场

老屋创生帖

翻转原建筑功能，让偶戏在发源地新生。

林经甫

老屋再利用建议

1. 关于修复方向，可让老屋（纳豆剧场）的大面积红砖墙露出，以保留闽南式建筑风味。
2. 整修老屋时，应尽量保留能代表老厝原有味道的旧物件。
3. 针对不同产业，公共部门古迹活用的补助标准和比例应该有所不同。

老屋档案

台原亚洲偶剧博物馆一楼配置

纳豆剧场平面配置

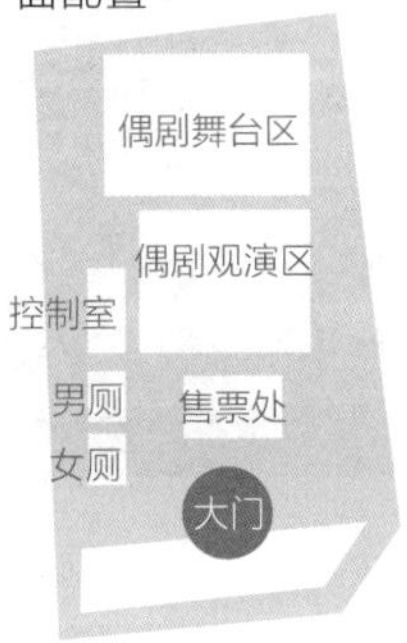

开放时间／台原亚洲偶戏博物馆已于2019年结束营业；纳豆剧场无固定开放时间

古迹认证／历史建筑

起建年份／茶栈（茶叶仓库）1931年；制茶工厂1918年

原始用途／茶叶仓库、制茶工厂

建筑面积／660m²（含79-1号偶戏博物馆、79-3号基金会、79号纳豆剧场）

改造营业日期／2005年11月（西宁北路现址）

建筑所有权／私人

经营模式／购买

修缮费用（新台币）／约1258万元

收入来源／参观及演出门票、政府补助、企业赞助50%～80%；林经甫赞助20%～50%

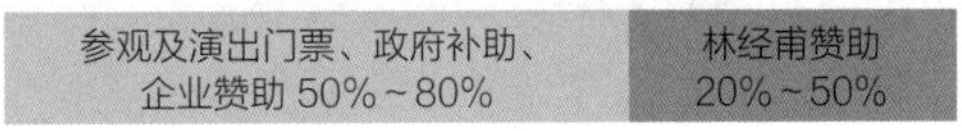

文化馆的核心价值是产业文化馆，
唯有根植于产业，
与产业一起脉动才有价值。

——————— 罗一伦（台红茶业文化馆馆长）

建造时间
1937年

茶厂开门，诉说茶产业的故事

台红茶业文化馆

通过台红茶业文化馆可认识关西，了解几乎被遗忘的茶业发展历程及老茶厂存在的时代意义

就算每年只有四五次，每次二十几天，一年中只有一百多天让茶厂机器运作，这座有八十多年历史的新竹关西老茶厂，仍然坚持让老员工制茶。毕竟，“我们是活着的产业文化馆”，昔日的台湾红茶公司，而今转型为台红茶业文化馆的关西罗氏家族第四代掌门人罗一伦说。

缘起

外销台湾茶，至今不忘制茶传承

关西种茶、产茶、制茶历史悠久，罗氏家族是其茶产业的主要成员之一。早在 20 世纪 20 年代，罗氏族人纷纷在关西办厂制茶，为了突破市场限制，1937 年罗氏家族数家茶厂更是集资成立台湾红茶公司，直接将关西产制的茶外销到世界五大洲的 80 多个港口。

“我们的茶是外销导向，海外市场需要什么茶，我们就做什么，机械化制茶每天产量可高达上万千克。”罗氏家族第三代掌门人、台湾红茶公司董事长罗庆

罗氏家族第三代罗庆士夫妇与第四代罗一伦合影

士说。然而外销茶的好成绩于 20 世纪 80 年代逐渐退步，老厂房开工时间也少，现今每年只有三分之一的时间在生产，而且基本都是生产绿茶粉，属于台湾茶的黄金时代已经走远。

罗氏家族也长期参与关西地方的政治经济活动，当地重要的人、事均和茶厂有关，罗庆士于是动了将老照片保留下来做记录的念头。正好在 2005 年台湾地区文化建设事务主管部门举办活动，组织文化界人士参观茶厂，还肯定了茶厂建筑与产业的价值，由此罗家开始参与小区总体营造，并打造了地方文化馆。这些行动持续了 10 年，直到 2016 年才暂缓脚步。

整修规划

从保留影像开始，让老房子化身为产业文化馆

台湾红茶公司的茶厂共有两栋建筑，一为红砖老建筑，一为新建的钢筋水泥建筑。于 1937 年兴建的红砖主楼，因道路拓宽被部分拆除，加之左侧由于木结

台红茶业文化馆是一家活的产业博物馆，至今仍在持续制茶

仓库墙上挂满了早期外销用的茶箱金属唛头，上面写着各国城市的名字，可由此一窥当年茶产业的出口盛况

舍不得丢弃的厂房老物件以不同的方式重回现场

一楼展场的绿色铸铁大门，是从仓库中拆下来的，现今门里播放着影片，赋予“工厂开门”之名

构老化也被拆掉，茶厂在 1999 年便于原地依原外观建起了新的钢筋水泥建筑，和红砖屋并列。老房子主体结构不完整，原来的建筑执照作废，导致工厂一时无合法执照，经过争取，终于获得新竹县第一张整修后剩余建筑物使用许可（第 0001 号）。

要把茶厂变成文化馆可没那么容易：首先，工厂建筑最关注的是公共安全，但转换成开放的展场，使用要求完全不同，得做大调整；其次，2007 年红砖建筑被指定为历史建筑，而且消防水电不符合规范，因此不得不制订因应计划；最后，曾有人建议改成法人经营，但毕竟台湾红茶公司是依公司法规设立的，是公司的资产、股东的财产，若变成法人所属，则无法运营。政府部门曾提出补助 3000 万元用于大整修，罗氏家族几经考虑也拒绝了。罗一伦说：“我们是公司，没有运营就没有收入，停止生产用一年整修，工程浩大，文化馆的核心价值是产业，文化馆唯有根植于产业，与产业一起脉动才有价值。而且整修时粉尘飘荡会影响生产机械，影响属于食品业的茶厂。”为了让人了解制茶厂如何走向世界茶市场，2003 年从美国回来的罗一伦，利用闲暇时间投入茶厂展场的规划。

↑↓文化馆内的老照片与文物展示，述说关西当地产业、历史与文化

2005年，文化馆正式成立，并在1999年修筑的建筑中举办特展，另一栋历史建筑没有进行急躁式整修。罗一伦认为老物件的韵味一旦失去就再也回不来了，应该保留机械器物，不做太多的变化，尽量保存空间感。台红茶业文化馆的展场设计、文字撰写皆由罗一伦做初稿，再和姐姐罗怡华琢磨讨论，两人就是一个核心团队，撑起全场。都有着本职工作的两人轮流请假执行，他们认为，只要设置好基础框架，就能让其他家族成员也参与进来。

在设计展场时，罗一伦优先取用原来因拓路被拆除，且舍不得丢弃的厂房构件。工厂老物件重见天日，以不同方式重回现场，像一楼展场的绿色铸铁大门，是从仓库里拆下来的，现今门里播放着影片，赋予“工厂开门”之名，既能保存又可展示，更具设计感。展场主设计采用雨淋板概念，即从原建筑已有的元素延伸。一楼展场造型特殊的展示架，也是罗一伦自己画图、买材料，再请工厂的老铁艺师傅焊出来的，跟茶厂的建筑氛围很合拍。

运营

老员工带导览，传播亲身经历的茶厂过往

经过层层关卡与修整，2005年12月24日，台红茶业文化馆终于成立，门市同时开放，文化馆特别选用“茶业”两个字，强调茶产业，而不是茶叶。文化馆可以让更多的人认识关西，了解几乎被遗忘的茶业发展历程及老茶厂存在的时代意义，由此成为“关西的客厅、茶产业文化的大门”。

文化馆与茶厂犹如一体两面，本身是科技法律专业出身的罗一伦，带着家族使命感，在工作之余投入文化馆的创设与展览策划。馆中每张老照片的说明与文物展示，都是罗一伦与姐姐罗怡华十年辛苦努力累积出来的成果。现场导览人员都是茶厂员工，他们以自己亲身参与的茶产业经历做介绍，更富感染力。而有特色的大型特展，也比较容易吸引外界媒体报道。

台红茶业文化馆的茶厂音乐会，是关西小镇的盛事（图片提供 / 台红茶业文化馆）

台红茶业文化馆原本不收费，后因参观者日增而导入收费机制，现在一次收费一百元，限定每日最多一百人次，每次可以停留至少一小时，让游客不必来去匆匆，可以更加了解文化馆特色，最后再坐下来泡饮一盅绿茶，更好地认识这个产业。

寻求外界资源，拒绝烟火式节庆活动

经费从哪里来？茶厂已被外界视为夕阳产业，能获得的资源极为有限，罗一伦有了清晰的建文化馆的想法之后，就通过撰写策划案的方式，开始尝试从新竹县政府或台湾地区文化建设事务主管部门申请补助，通过数年分阶段规划建置，从无到有逐步改造老茶厂，主题朝向述说当地产业、历史与文化，让茶厂不再封闭，成为对公众开放的场所。但到了 2016 年，地方文化馆如雨后春笋般出现，政策慢慢偏向节庆式的活动。对走研究深化路线的台红茶业文化馆而言，这是否真的是他们期望的方向？在重新思考步伐与定位之后，罗一伦毅然让老茶厂暂时退出地方文化馆行列，尝试以自己的方式继续前进。

老茶厂里举办的音乐会特别受关西本地人的欢迎。茶厂音乐会已有十多年的历史，起因是2005年罗庆士的日本友人之子到台湾地区演讲，同时来茶厂拜访，如何接待这位音乐家最好呢？最后，罗一伦请他到茶厂办了一场音乐会。当时小镇少有这类活动，音乐会吸引了将近200人前来，盛况空前。老厂房二楼空间颇适合音乐演出，后来文化馆陆续还邀请过张正杰、叶树涵、陈建安等知名音乐家，老茶厂里的音乐会逐渐成为小镇的盛事。罗一伦介绍，台红茶业文化馆是个静态的展示馆，来参观的多是慕名而来的外地客人，音乐会则吸引关西当地人前来，让文化馆与当地联结得更加紧密。

深化专业，跨出关西找合作

关于台红茶业文化馆的运营方面，罗一伦制定了非常清晰的目标。他说："工

早期做贸易时的打字机是茶厂直接从美国进口的，这是台湾地区茶贸易的见证

原本的茶包装并不起眼，采用茶箱元素设计茶盒，也成为文化馆的延伸，后来又推出茶箱特展

20世纪30年代，关西连一家银行都没有，因茶厂需要大量现金交易，所以保险箱是重要成员

厂制茶不能少，每年持续外销，我们是产业馆，只专心谈茶这件事，茶是茶厂的命脉；文化馆是当地的，会和地方结合呈现出关西发展的轨迹；客家庄和茶产业有一定关联性，会持续探讨和客家族群相关的文化历史。”运营路线定调清晰，主题概念也不缺，罗一伦笑说，只有经费不足的问题而已。

在关西小镇运营台红茶业文化馆近10年后，2016年，罗一伦到台湾大学举办以台湾外销茶为主题的特展，突破关西的地域局限，让更多人认识台红茶业文化馆，扩大效益。除此之外，新北市三峡的大板根国际度假酒店所在区域早年为三井株式会社的大豹制茶厂，厂内留有百年发动机。酒店经营者参观过文化馆后，非常有兴趣探索该段历史，于是委托文化馆协助规划设计大板根茶业历史文化馆，完成茶与茶的文化联结。

从长远来看，罗一伦期望台红茶业文化馆成为人们认识台湾茶的地方，但这个期待更需长远规划；实质运营的公司搭配以推广为主的文化馆，让茶厂员工于制茶时间外兼任文化馆导览人员，这处以产业为主的文化馆，茶香将持续弥漫。

（文／叶益青 摄影／刘威震）

台红茶业文化馆

老屋创生帖

让老茶厂化身为产业文化馆，让老屋氛围自己说故事

罗一伦

老屋再利用建议

1. 和地方结合，串联产业，呈现地方发展的轨迹。
2. 要清楚定位，坚持深入、专业的产业研究与累积。
3. 口碑最重要，口耳相传是小众最好的传播方式。

老屋档案

平面配置

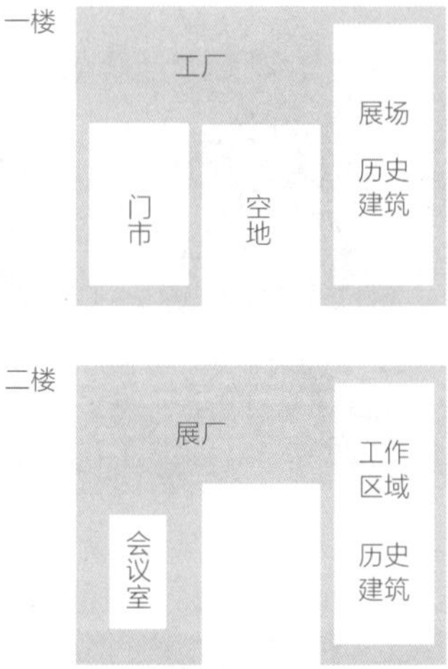

开放时间／每天10点和14点两场，付费参观，须提前两天预约，周二公休
古迹认证／历史建筑
起建年份／1937年
原始用途／工厂
建筑面积／3300m²
改造营业日期／2005年12月
建筑所有权／台湾红茶股份有限公司
经营模式／自用
修缮费用（新台币）／约数百万
收入来源／茶叶与茶产品销售80%、导览及其他20%

未来驻村的艺术家都将成为池上校园的风景，
带着孩子们认识不同的艺术，
这是培养创造力的起点。

——柯文昌（台湾好基金会董事长）

（摄影/蔡诗凡，中强光电基金会提供）

（摄影/蔡诗凡，中强光电基金会提供）

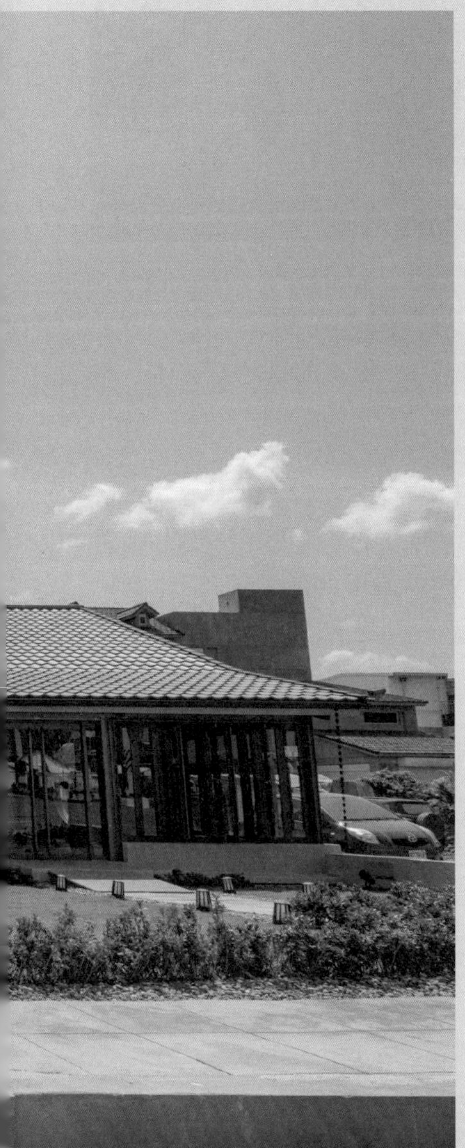

建造时间
1958年

向土地学习，
用艺术回馈大地

池上谷仓艺术馆

以池上当地的朴实精神设计改建，保留谷仓原有的木结构，以钢构加强，开气窗引进自然光，创造绿色建筑，延续当地农民尊重自然、爱护土地的心愿

不同于其他博物馆，池上谷仓艺术馆的出现不是一时兴起的决定，而是一路走来累积了 10 年的成果。

过去 20 年，当地人没有不知道池上的，因为有一个简餐盒饭的品牌叫作“池上便当”，所以人们知道池上有好米。但是，少有人真正知道池上在哪里，它只是静静地隐蔽在花东纵谷之间。2015 年，台湾好基金会在此成立池上艺术村，从认养老房子开始，将闲置空间修整再利用，邀请艺术家驻村，让人看到偏远小镇充沛的艺术活力。为了让艺术能深深根植于这片土地，基金会想为池上留下一家艺术馆，就这样，一栋 60 年的老谷仓慢慢长出了艺术新芽，让池上从米之乡转变为文化之乡。

缘起

隐蔽在花东纵谷的池上小镇

2009 年春天，普讯创投董事长柯文昌成立了台湾好基金会，以乡镇文化为底，丰富生活、观光、产业的能量，希望让每一个台湾人和来到台湾的人，都能体会到台湾的风景、善良的民风和深层的文化。

台东池上拥有得天独厚的地理环境，蓝天、青山、白云，以及 175ha 被指定为文化景观的金黄色稻田，融合了美丽景观与醇厚人文，柯文昌以这里作为推动“企业家回乡共好”的起点，“台湾好基金会是一个平台，结合更多的力量回到乡镇，才能永续、丰实”。于是，台湾好基金会的同人于 2009 年落脚池上，开始了 10 年的耕耘。

以农村生活节奏创造了“池上四季”

一切都是从“池上四季”活动开始的。为了让游客一年多次来到池上，欣赏四季更替的景色，甚至在此停留，细细发掘当地文化，而不是吃完便当就离开，台湾好基金会与当地的伙伴一起动脑、讨论，规划出符合池上传统农家节气的“四季活动”，创造了“春耕｜野餐节”“夏耘｜办桌”“秋收｜艺术节”“冬藏｜文化讲座”：春天可以在大坡池畔与诗人享受节气之始；夏天享用客家农夫用米做的各色美食；秋天在蓝天、青山、白云与金黄色的稻浪间，用歌声与舞蹈向天地致敬；冬天的文化讲座则和当地乡亲一起积蓄来年的能量。2009 年，第一场秋收，钢琴家陈冠宇在金色稻浪中演奏的画面，登上美国《时代》周刊网站，获选当周全世界最美影像，一举将池上的人文美景送上了国际舞台，也让“最本土的也是最国际的”不再只是口号。池上秋收稻穗艺术节一办 10 年，落地生根，成为当地的品牌，更是台湾地方文化创生的标杆案例。

打造台湾的“巴比松村”——池上艺术村

2015年，台湾好基金会决定再往深处走，在池上老街、大埔村，以及被列入“文化景观”的 175ha 稻田所在的万安村和锦园村，认养了多栋闲置的老房子，以“聚落”形态，打造台湾的“巴比松村”——池上艺术村，并且邀请蒋勋担任总顾问和首位驻村艺术家，让艺术家可以在池上静心思考、创作，同时与小区居民一起生活、互动，贴近土地。柯文昌说：“未来驻村的艺术家都将成为池上校园的风景，带着孩子们认识不同的艺术，与孩子们一起尝试各种形态的艺术创作。不拘形式，这是培养创造力的起点。”

在艺术村计划展开筹备时，“为池上留下一家艺术馆”的念头也开始酝酿，这是柯文昌和当地乡亲的约定。但是，池上需要艺术馆吗？如果是池上的艺术馆，会是怎样的一家艺术馆？这个问题在台湾好基金会办公室的会议里不断出现，在台北与池上异地反复讨论，最后的结论是“池上的艺术馆应该与池上土地紧密联结”。于是，基金会放下了兴建全新建筑物的想法，决定寻找合适的老空间。

台湾地区第一个由居民共识凝聚的艺术馆

在台东池上中山路与中西三路的街角，有一个走过一甲子岁月、带着沧桑容貌的老谷仓，这个老谷仓属于多力米公司梁正贤所有。当他知道台湾好基金会想以老谷仓为基础修建池上艺术馆，便二话不说，不仅提供谷仓，同时也提供了支持艺术馆修建的经费。另一方面，柯文昌也邀请好朋友复华投信董事长杜俊雄回老家台东，支持池上艺术馆的运营经费。有了老屋、企业的支持，再加上台湾好基金会这个大平台，2016 年，池上艺术馆正式展开筹备。

整修规划

走过一甲子岁月的老谷仓，华丽变身

为了将艺术馆的根深深扎在池上泥土里，让艺术馆与当地人的生活紧紧相系，台湾好基金会邀请元智大学艺术与设计学系陈冠华老师负责谷仓的改建。陈冠华用一年的时间带领学生团队进行规划设计，与当地的乡亲们一起生活，通过工作

一条落地玻璃的长廊，成为衔接艺术与生活最自在的空间

坊、活动、访谈寻找池上的共同记忆，发掘当地的精神、美学，最后选择以当地朴实的风格改建老谷仓——保留原有的木结构，再以钢构强化，并施作屋瓦隔热，从而成就了台湾地区第一个由居民共识凝聚的艺术馆。

艺术馆接待大厅（摄影/蔡诗凡，中强光电基金会提供）

谷仓不大，在陈冠华的规划下，最大的空间可作为主展厅，一大两小的展览空间可以用来呈现单件作品，也可以作为主题展区使用。入门大厅开了美丽的圆窗，左墙则有蒋勋老师在池上驻村期间创作的油画《山醒来了》，与大厅八角木桌上的阳光相呼应，欢迎来到艺术馆的客人。建筑外推，则多了一条落地玻璃的长廊，采光充足，馆外绿地庭园一览无遗，成为衔接艺术与生活最自在的空间。2017 年，艺术馆正式被命名为池上谷仓艺术馆，梁

正贤以每月一块钱委托台湾好基金会经营管理。同年 12 月 9 日，在阿美人首领林阿贵以传统祈福仪式的古调吟诵下，池上谷仓艺术馆宣告开馆，三百多位池上乡亲不畏寒冷，共同见证了老谷仓的华丽变身。

运营

是当地艺术教育资源，也是人文网络平台

池上谷仓艺术馆不只是美术馆，也承载着乡村岁月的痕迹和乡亲的记忆，所以，艺术馆除了是艺术家作品的展示空间，更是与乡亲交流及推广艺术教育的平台。柯文昌说池上谷仓艺术馆被赋予了三种使命。

2013年池上秋收稻穗艺术节邀请云门舞集演出《渡海》（摄影/刘振祥）

其一，艺术馆是展出驻村艺术家在池上创作的作品的最佳空间。开幕展由蒋勋、席慕蓉领军，展出包括驻村艺术家连明仁、叶海地、简翊洪、池上凤珠、拉飞邵马在池上驻村创作的作品。第二轮展览则是驻村艺术家林铨居个展“我从山中来”。农村长大的林铨居，作品多以乡村农田为主题，展示在朴实的谷仓空间里格外有味道。接续搭配池上秋收稻穗艺术节 10 周年，第三轮的“云门风景——刘振祥摄影展”，邀请常年记录云门舞集的刘振祥，展出他镜头下舞者迷人的动态凝结，以及云门一路走来的舞迹。开馆满周年之际，驻村艺术家兼总顾问蒋勋，更将他过往 50 年不同风貌的创作集结起来，举办首次私藏展。

其二，艺术馆是当地的艺术教育资源，也是串联当地人文网络的平台。所谓的城乡差距就是文化与教育资源的差距，因为欠缺多样性文化的浸润，所以乡村孩子们的视野难免有些局限，因此池上谷仓艺术馆除了特展外，还邀请了艺术家举办工作坊、文化讲座，让孩子与乡亲们有机会得到不同艺术形式的启迪。另一方面，艺术馆还起到串联池上艺文空间与组织的作用，以共好思维，拉高池上的文化能见度。

林铨居与农民共创装置作品

其三，艺术馆是池上旅行的文化地标。游客在一天游逛之后，可以在艺术馆休憩，静静地欣赏艺术家的作品，或者放松身心远观青山，偶有火车从眼前奔驰而过。这是一种属于农村生活的宁静恬淡、池上风格的小旅行。

为了持续探索艺术馆在池上的各种可能性，台湾好基金会整合台北与台东的工作人力，采取弹性的组织运作模式，经营决策经基金会董事长、执行顾问与执行长议定后，由驻馆的三位同人负责企划与执行，总顾问蒋勋则经常给予策展方向的指导与建议。如遇重大项目，基金会则会调度台北的同人前往支持，以避免艺术馆因为身处乡村而面临边缘化的危机。

老回忆、新地标

从老谷仓到艺术馆，池上谷仓艺术馆不仅是台湾好基金会在池上生根落户的承诺，也是池上乡亲们共同珍惜的回忆和新地标。台湾好基金会用了十年，和池上乡亲一起由点到线，再到面，完成了池上的艺术拼图，让池上谷仓艺术馆不只是静态的展览馆，更扮演着小区凝聚与发展的推手，并且推动了池上的文化观光产业。

因为是从泥土里一寸一寸长出来的，池上谷仓艺术馆仿佛有了生命，和池上一起呼吸。来到池上时，别忘了到艺术馆散步，在宁静的谷仓里品味稻香，在艺术家的作品里感受热情。

（文／李应平　图片提供／台湾好基金会）

池上谷仓艺术馆

老屋创生帖

除了是艺术家作品的展示空间，
更是居民交流及推广艺术教育的平台。

（图片提供/李应平）

(台湾好基金会执行长)

李应平

老屋再利用建议

1. 老屋再利用时，应该思考如何延续它的历史轨迹以及小区邻里对它的集体记忆。
2. 老屋因为房屋结构老旧经常出问题，所以修缮经费难以控制，特别需要在资金上预留弹性。
3. 老屋原空间与再利用需求可能会有很大矛盾，因此与建筑师事前充分讨论很重要。

老屋档案

平面配置

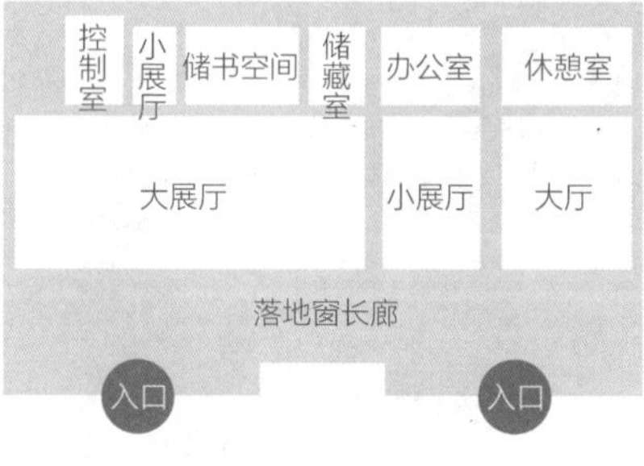

开放时间 / 周三至周日10：30—17：30（周一、二公休），付费参观

古迹认证 / 无

起建年份 / 1958年

原始用途 / 谷仓

建筑面积 / 约380m^2

改造营业日期 / 2017年12月

建筑所有权 / 私人

经营模式 / 租赁

修缮费用（新台币）/ 梁正贤提供

收入来源 / 运营费用由复华投信赞助

玉山旅社咖啡

民宿旅店

人会消失，
但房子会一直存在，
我只是做我想做、该做的事。

———— 罗仕龙（现任主人）

建造时间
1901年

到客家古厝
体验简单生活
罗屋书院

罗仕龙是让百年客家老宅重新有了声息的灵魂人物。罗屋正厅门上对联“为善最乐，积德当先”，正是罗氏祖先对后代子孙的期待

于 1913 年落成的罗屋书院，是新竹县关西镇一栋保存完整的客家红砖三合院，依傍着绿意盎然的稻田。盛夏午后，孩子们的嬉笑声、聊天声和鸟叫声总是回荡在罗屋书院宽敞的院落内。罗氏是关西当地的大家族，曾有 80 多人居住在此，然而百年更迭，产权持分复杂，对罗屋书院是否开放、转型也有不同的声音，即使身为罗屋书院的后代子孙，接手古厝经营也并非理所当然。而罗仕龙，正是那个让百年老宅重新有了声息的灵魂人物。

缘起

童年情感召唤游子返乡

罗屋书院建筑为“一堂四横”格局，2010 年，被认证为新竹县历史建筑，正式官方名称为关西豫章堂罗屋书房，堂号“豫章”为汉代郡名，位于江西南昌县地，为罗姓发源地。

关西罗氏家族约于清光绪年间自广东蕉岭来到台湾，罗仕龙祖先这一脉先至淡水，后落脚关西，至第 15 代罗碧玉逐渐发迹。这栋百年古厝为罗碧玉与其兄弟于 1901 年建造，1913 年竣工，为与老屋区分而被称为“新屋”。除了作为族人住所使用，这里也作为先生教学之处，二战期间曾沿用为关西公学校的部分教室，因此有罗屋书院之称。1954 年，关西天主教堂借用此地作为幼儿园，留下过外国神父与当地的孩子在客家三合院的合影画面。

罗仕龙 1973 年出生于这栋三合院，三岁左右随父母迁至台北。其父早年在大稻埕经商，而他则长居台北求学、工作，身上糅合了都市的气息与原生的乡愁。

与罗仕龙同辈的堂兄弟姐妹基本都正值中壮年，却少有人如他，在年届四十

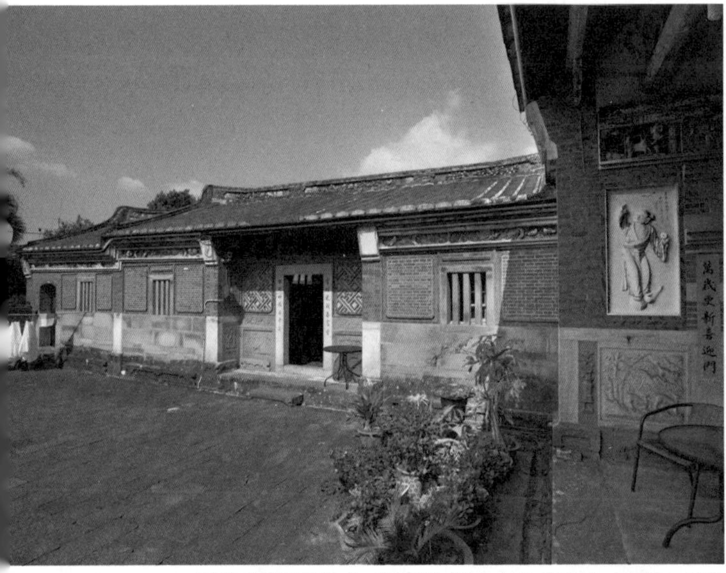

↑罗屋书院建筑为“一堂四横”格局，图为右横屋。目前左、右外横屋另有家族成员居住，不含在民宿经营范围内

↗ 外国神父与当地的孩子在客家三合院的合影（图片提供/罗仕龙）

→从门楼进入即为罗屋书院的私人空间，参观前先打招呼，罗仕龙或接待人员就会敞开大门欢迎

正厅雕刻广含人物、走兽、花鸟、祥瑞图纹等题材，都已接近寺庙的装饰等级

之际，突然被一股回乡的拉力牵引回来，落脚于这个有点儿远离现实的三合院。谈起 2014 年返乡的心境转折，罗仕龙笑叹：“我想永远不会有准备好的一天，但我怕年纪越大就越没有勇气做这件事了。而如果不是我对这栋老房子的感情够深，它的建筑规模够大、承载的历史文化够丰厚，我可能也不会回来。”

整修规划

勿忘客家传统，逐年逐步修缮

多年来，活化古厝的念头一直萦绕在罗仕龙心中。从大约 10 年前起，家族将罗屋书院无偿借给关西镇乡土文化协会使用，协会举办各种活动以凝聚小区情感，催生了 333 艺术节、牛栏河剧团等。在这个过程中，罗仕龙逐渐感受到回乡的新的可能性，而促成这一切的最后一股力量，则来自一张照片。

“有次在镇上吃面，刚好看到协会编的《牛栏河畔》季刊封面，有张齐柏林

正厅“水车堵”上有大批以人物故事为主的灰塑，现保存良好

罗屋居住成员曾达80多人，后来虽人丁渐薄，但家族常年至少都有一人居住在此（图为正厅）

航拍关西上南片的照片，我发现，那一大片绿油油的稻田旁的红砖屋，不就是我老家的这座三合院嘛！”因着这份悸动，他终于停止纠结，辞职返乡，也获得热爱文史的太太的支持。八十多岁高龄的父母定居台北多年，虽未曾开口要他回乡，“但爸爸心里对我这个决定是很高兴的”。

返乡之初，罗仕龙也毫无头绪，毕竟长住的心情和以前回来度假不同，得像照顾一个百岁老人一样小心呵护，才能渐渐感受到老房子的灵魂和气息。他表示祖先向来勤俭，却肯花大笔钱盖这房子，便是希望后代子孙不忘传统。正厅门上对联“为善最乐，积德当先”，似乎正呼应了建筑上的忠孝廉节、苏武牧羊、四聘图（四个礼贤下士图）等装饰故事。“祖先们有千言万语要告诉我，虽然他们无法在现场，但通过建筑装饰的对象，把家族核心精神都传达给我了。”罗仕龙深情地说。

老宅曾于1969年大翻修，更换地板瓷砖，重新布局、规划水电管线，修建现代厕所，甚至将厨房从三间改为一间；约在1980年又进行屋桁与屋顶修复抽换，至今整体保存状态良好。罗仕龙一边回翻族谱、了解祖先背景，一边着手实务上的改造。针对建筑本身，他推崇“减法的建设”，追求简单、与

屋顶最老的木梁（下）与更换过的新梁（上）

老宅地板瓷砖曾于1969年翻修更换（图为房间外一景）

老屋修缮采取逐年、逐步小范围进行的策略，未来若有充足预算，会再进行整修屋瓦、清理沟渠等其他工程

自然结合，因此并不大刀阔斧地改动格局，而采取逐年、逐步小范围修缮的策略。

罗仕龙结合来自家族的经费与新竹县文化局的补助资源，依循“修旧如旧”的原则，先从一般性的如墙壁龟裂和漏水问题开始处理，另延聘建筑专家评估，更换腐朽木梁、拆掉二十多年前加装的木板顶棚，以免暗潮寄居白蚁。或许因为多少背负着家族长辈的期许，也面对着一些质疑，罗仕龙制订的预算偏保守，修缮费用至2018年累计仅花费50多万元，他表示未来若有充足预算，会再进行整修屋瓦、清理沟渠等其他工程。

运营

“越本地越国际”的民宿经营方式

建筑初步修缮后，罗仕龙决定将百年古厝开放为民宿来经营，他自己则住回幼时出生的小房间。经营上，一样回归“减法”，没有增添太多现代摆饰或设备，

简单的民宿房间，供人体验纯正的乡村生活

罗仕龙在与小客人一同玩耍

地板的瓷砖、厨房的木桌、流理台的花砖，全都保留旧时风情。罗仕龙还聘请了当地的客家大姐金贞姐当管家，从人到物到空间，纯然都是客家风格。

民宿自开张以来，靠着脸书、爱彼迎等网站的宣传，红砖三合院的特色建筑吸引了不少本地以及外国旅客入住。罗仕龙总是亲自迎客、导览老屋与小镇风光。他提到最近有个荷兰旅客，离开台湾时手上多了三个图案刺青：101 大楼、高山和罗屋书院。“看到他传来的照片，好感动啊！”他笑开了怀，“这就是最好的回馈了。”这也让他更确认罗屋书院“越本地越国际”的经营方向。

伙伴合作，深耕艺术造镇

罗仕龙学的是电影、戏剧，上一份工作是在经管顾问公司，任职近十年，虽然如今人生转了个大弯，但过去的艺术底子与管理才能，在民宿的设计、经营方面都派得上用场。他强调，经营罗屋书院“不是一门生意，而是一种生活”，房子是个联结的平台，人才是灵魂，生活情境才是精髓，因此重点不只是老屋建筑，还要结合周边环境，呈现并描绘聚落生活圈的概念。

他以罗屋书院为基地，与其他有志于深耕当地文化的卢文钧等人，共同创办关西艺术小镇发展协会，提出“艺术造镇”的概念。协会至今举办过音乐会、艺术工作坊、客庄生活体验、手作步道、路跑等各种活动，期待带动当地文化和产业的发展，也让来到关西的旅客能体会到实在的生活感。为了延续罗屋过去的私塾角色，并结合建筑本身的特色，自 2018 年 9 月起，罗仕龙新创“给小朋友的泥塑课”，邀请美术老师导览，带领孩子认识罗屋的雕刻装饰，并实地以陶土做出立体成品。课程还包括走访小区田园等，致力于与当地生活的结合。

认识自己，选择简单运营

目前，罗屋书院专职人员仅罗仕龙与一位管家，以民宿、活动收入为主要营收。民宿房间只有三间，分别供两人、四人、六人住宿，通常周末、暑假入住率较高。他自己同时也在附近小学兼职教书。罗仕龙不是不懂商业模式，他坦言：“若是纯获利导向，大可以入园收门票、卖一杯两百块的饮料，但那种高端消费的客户群体，不会是罗屋的客人，我喜欢纯朴简单的感觉。”他笑笑说：“钱很重要，但一直追求金钱会让人迷失。”踏进这座三合院古厝，总让人不自觉地安静、闲适下来，罗屋书院毫无商业气息，就像平常的农村邻家一样，路过的游客只要在大门外打个招呼，罗仕龙或管家金贞姐就会笑盈盈地迎客入内，奉上一杯茶，配上几颗刚摘的龙眼，亲切地与人闲话家常。

谈到这 10 年来台湾地区的老屋活化风潮，他建议有志于此的人“先认识自己”，厘清自己究竟想经营什么类型的空间，并在挑选老屋时敞开心扉去感受。“每个空间都有它的灵魂，老房子是会选人的，接下来，就是把挑战当趣味了。”他谦称至今仍在未知中摸索，处于打地基阶段，对罗屋的未来也抱有开放的心态，或可不限于罗氏家族，交由其他适合的人来经营。

“人会消失，但房子会一直存在，我只是做我想做、该做的事。”面对这间有灵魂的古厝，罗仕龙的初心，一如往昔。

（文／林欣谊　摄影／曾国祥）

罗屋书院

老屋创生帖

采取“越本地越国际”策略，
保留客庄的建筑风情与人情。

罗仕龙

老屋再利用建议

1. 建议有志于老屋活化的人“先认识自己”，厘清自己想经营的空间类型。
2. 推崇“减法的建设”，依循“修旧如旧”的整修原则。
3. 结合当地实际情况，推动产业，避免成为脱离当地生活的观光景点。

老屋档案

平面配置

浴室
浴厕
房间
房间
正厅
房间
餐厅
厨房
檐廊
房间
交流厅
房间
办公室
内埕
房间
交流厅
房间
房间
大厅

开放时间 / 预约住宿，亦欢迎路过参观
古迹认证 / 历史建筑
起建年份 / 1901年
原始用途 / 住宅、私塾
建筑面积 / 建筑加庭院约2970m^2
改造营业日期 / 2015年
建筑所有权 / 家族共有
经营模式 / 家族共识
修缮费用（新台币）/ 50多万元
收入来源 / 住宿60%、活动40%

住宿 60%
活动 40%

它跟嘉义市北门站一样，共同见证了阿里山林业曾有的繁华。
保留玉山旅社，
就是在替城市历史留下重要脚注。

——余国信（现任经营者）

建造时间
1950年

交工修老屋，协力开旅社

玉山旅社

玉山旅社为北门站前六连栋街屋之一，见证了阿里山林业曾经的繁华

屋龄超过一甲子的玉山旅社，紧邻着阿里山森林铁路的起始大站——北门站。它曾是往来于平地与山区之间的小贩和旅客的最佳投宿选择，如今则是造访北门站周边旧城区的必游景点。

走入玉山旅社，时光仿佛回到 20 世纪六七十年代的“贩仔间”（当时台湾地区底层老百姓投宿的客栈），不仅墙面斑驳，木窗框与桁架也都留有岁月侵蚀的痕迹，脚下是红绿相间的古老磨石子地砖，一楼通往二楼的木楼梯特别宽敞厚实，那是昔日旅店基于消防安全的必要规格。来到二楼，脚下木地板发出嘎吱声，通铺房的榻榻米、蚊帐，搭配旧画报、塑料圆筒水壶等复古摆设，呈现出朴实无华的面貌。玉山旅社就是要延续老屋的早期旅宿机能。

缘起

北门驿前老旅社，见证林业发展

根据嘉义市洪雅文化协会的调查，玉山旅社的第一任屋主陈聪明，生于

1907年，曾任阿里山森林铁路的列车长及北门驿的副站长，1950年，他与朋友合伙，兴建北门站前的六连栋街屋，靠近北门站这头的边间即是现在的玉山旅社。1966年，陈聪明退休后，将住家改为旅社经营。而后旅社的经营权几经转手，最后由担任过旅店女招待的侯陈彩凤买下。

1970年末，随着公路交通兴起，小火车人潮不再，旅社生意萧条，最后沦为俗称"猫仔间"的特种行业使用，之后歇业，老屋从此便趋于沉寂了。

到了2009年，当时担任洪雅文化协会理事长的余国信发起协力修屋运动，终于将颓败的老屋修复再利用，重新定位为平价的背包客旅馆，让人得以想象当年小火车与北门站人群络绎的盛况。

热血"社运人士"，用老屋阐述场所精神

余国信是浊水溪以南最活跃的社运（即社会运动）书店"洪雅书房"的老板，他关心人权、环保话题，也发动过几次保护公有历史建筑的"战役"。最为人称道的是他与一群关心文史的伙伴，成功保下了嘉义旧监狱与周边的日式宿舍群。

余国信是发动玉山旅社协力修屋的号召者

余国信从社运角度回溯自己发动玉山旅社协力修屋的因缘："被认定为古迹的嘉义

旧监狱在 2007 年获得公共部门的补助款项，修缮工程开启。然而，一旦进入官方发包程序，民间团体反而失去战场，不仅没有渠道从中培养老屋修缮技术，也不能开放地讨论修复观念。”为了寻找新的战场，也为了对抗公共部门处理文化资产的专制与封闭，他转而在老屋密集的嘉义旧城区举办导览解说，无意中发现了闲置多年的玉山旅社。

“这栋老屋本身不具备建筑美学，也没有可以宣传的创办人事迹，却有独一无二的场所精神；它跟北门站一样，共同见证了阿里山林业曾有的繁华。保留玉山旅社，就是在替城市历史留下重要脚注。”余国信说。

整修规划

新手斗阵修屋，学习危机处理

2009 年 1 月，余国信跟屋主侯陈彩凤的后人签下 5 年租约，承诺一并承担修缮工作，并得到屋主给予半年免租金的待遇。他本是老屋修缮的门外汉，于是咨询过去嘉义旧监狱保存运动的建筑师朋友，结果众人意见有分歧，反而让他更没头绪。“有建筑师友人说，这栋老屋没有保存价值，如果要完全修好，至少得花费 250 万 ~ 350 万元；也有人从设计角度大胆建议，把一楼墙壁全部打掉，换成落地玻璃，让人可以饱览公园景色。”

直到余国信某次到新故乡文教基金会演讲，一如既往热情地“推销”玉山旅社时，引起了曾修缮雾峰林家花园的建筑师孙崇杰的兴趣。“孙建筑师不到一个月就来看现场，坚定地向我表示‘没钱有没钱的做法’，我才安下心放手做。”余国信回忆说。

为了实践“协力修屋”的营造理念，余国信公开募集资金以修复旅社，也欢迎愿意提供劳力、物力的志愿者，以“以工换工”的方式共同为老屋修复尽心力。

其实，余国信最初也申请过营建部门“城乡新风貌计划”的补助，提出的补助需求为 85 万元。他说：“玉山旅社很多条件都符合，但最后未通过审查，给出的理由是玉山旅社规模太小，且是‘私宅’‘个体户’，欠缺公共性。这才促使我转向民间募资，这样做反而更加海阔天空。”

承租后的第二个月，余国信与志愿者挽起袖子，准备大刀阔斧地拆除歪斜隔间和腐朽的木结构。“当时我用电话隔空听孙建筑师的指示，他告诉我要拆哪些部位，我再传达给志愿者。没想到，不拆还好，这动作一大，反而破坏了老屋原本的平衡，房子开始摇摇欲坠，再拆下去感觉都要倒了！”当他们拆到一根腐朽的木头时，里面还冲出大群的白蚁，搞得一团乱，余国信赶紧停工并向孙崇杰求救。最后是孙崇杰赶来现场稳定军心，并协助找到愿意支持老屋精神、只收材料费与象征性工钱的铁艺师傅，为老屋补强结构。

屋顶阁楼刻意留下外露的编竹夹泥墙，可以让人看到古代绿色建筑的做法

修缮过程重于结果，见识老屋重生

房子结构稳固后，修缮工作逐渐步入正轨，有半年多之久，余国信每天都忙着接收各方驰援物资与引导来来去去的志愿者。扫地、钉钉子、修补屋顶、磨锯木头，样样都是从做中学。

当年曾投入修屋工程的南华大学建筑系学生黄子伦说，参与修屋的过程很有趣，一方面可以见识老屋重生，另一方面，过去在学校里只是纸上谈兵，“来玉山旅社，不管做多做少，都能获得充实的经验，并从中学习”。对前来帮忙的志愿者，余国信会先为对方讲解旅社身世与定位，并且通过实际触摸，让他们认识旧建筑的独特工艺。像屋顶阁楼刻意留下外露的编竹夹泥墙（竹条编制成网状，

一楼长廊斑驳的墙面上挂有黑胶唱片与海报，以营造旧时代氛围

一楼通往二楼的木楼梯特别宽敞厚实，那是昔日旅店基于消防安全的必要规格

玉山旅社开放自由参观，一楼贩卖文创商品，客人也能坐下来点杯公平贸易咖啡

再抹上灰泥的传统墙面），就可以视为古老的绿色建材，其制作方式是将沙与黏土揉成团，加上稻秆、粗糠，再敷上黄麻捆绑固定的竹框，优点是质地轻，且竹编结构相对抗震、有弹性，还能吸收热量、调节温度。

不过，玉山旅社的屋瓦最终并未修复，只做了简单的防护。“因为暂时找不到以同样工法烧制的屋瓦，当然也有预算有限的原因。未来不排除定制同款屋瓦，修旧如旧。”余国信说。

2009 年 8 月，玉山旅社重新开张，修缮费用总共 74 万元，另余下 5 万元作为运营资金，无形成本是在此过程中默默付出的热血志愿者。

运营

串联老屋社群，说当地的故事

从相中玉山旅社之初，余国信就坚持延续旅社功能，也开放自由参观的思路，

玉山旅社拥有独一无二的场所精神，2009年经整修后重新开张

在玉山旅社修缮的过程中，余国信发现二楼木柱已腐朽，改以钢架支撑，再漆上淡绿色，以融合老屋旧貌

玉山旅社客房分为通铺与套房两种房型

旅客住宿登记簿、老照片与怀旧的圆筒塑料暖瓶

玉山旅社通过举办活动来传递嘉义的多样风情

玉山旅社除了提供住宿服务外，还贩卖饮料和甜点

在经营模式上，他摸索过几种途径。一开始，余国信担任二房东的角色，由伙伴团队经营旅社，贩卖公平贸易咖啡，余国信每个月以洪雅文化协会的名义从经营团队的营业额中提取 10%，作为之后推广老屋的公共基金。然而，自开业以来，经营团队更换了三回，每个团队大约都支撑了一年半，就因不堪持续亏损而终止合作。

三年前，余国信决定自己跳下来经营，跟另外两位友人吴承颖、刘哲玮轮流“掌柜”，尝试他所谓的“协力经营”模式：每个人既是工作人员也是老板，共同承担责任、分摊风险，工资是浮动的，即以每月营业额除以三个人的总工时，再以每人工时为乘数计算；掌柜们共同决议经营上的大事小情，如是否调整关店时间、冬天加卖啤酒等，经营的心态比较像做志愿者。

余国信说，玉山旅社是免费为志愿者、洪雅书店讲师提供住宿的，付费的背包客多为来自外地的自助旅行者以及环岛骑行的青年，有时一整个月没有客人，有时团体旅客一来就包栋。他摊开运营成本说明经营不易：每月 12 000 元房租，每两个月水电费约 14 000 元，还有无线上网月租费 1000 多元，收入则每月在 10 000 元到 50 000 元不等，“有时连房租都不够付”，这还不包括修缮阶段投入的需要分期偿还的资金。

因此，从 2017 年开始，余国信向台湾地区劳动事务部门申请了“多元就业开发方案经济型计划”补助，聘请了四位员工，人工压力暂时得到纾解，让他不用奔波于书店与旅社之间，公共基金也有所累积，但余国信说“未来还是希望能自给自足”（玉山旅社在 2019 年已停止接受多元就业开发方案经济型计划的资助）。

2018 年，余国信也曾申请到台湾地区文化事务主管部门“青年村落文化行动计划”的补助款 25 万元，举办了“嘉有老木”系列活动，串联嘉义五家木建筑小店，包括洪雅书房、玉山旅社、初和风精致咖喱、老院子 1951 · 想喝、Daisy 的杂货店，通过艺术家创作展、艺术手作 DIY、小旅行、密室脱逃、小店长体验、徒步走读等活动传递嘉义的多样化风情。

在未来的路上，余国信说玉山旅社将继续发挥创意及社运精神，拓展老屋经营的思维，让更多人见证老屋的重生。

（文／陈歆怡　摄影／庄坤儒）

玉山旅社

老屋创生帖

通过以工换工的方式修缮老屋，
借由协力模式运营旅社。

余国信

老屋再利用建议

1. 没钱有没钱的做法，可在网络公开募集资金，号召志愿者协力修屋。
2. 修缮过程重于结果，从做中学，可以获得丰富的经验。
3. 运营模式可视经营状况进行弹性调整，适时申请公共部门补助，可减轻运营压力。

老屋档案

平面配置

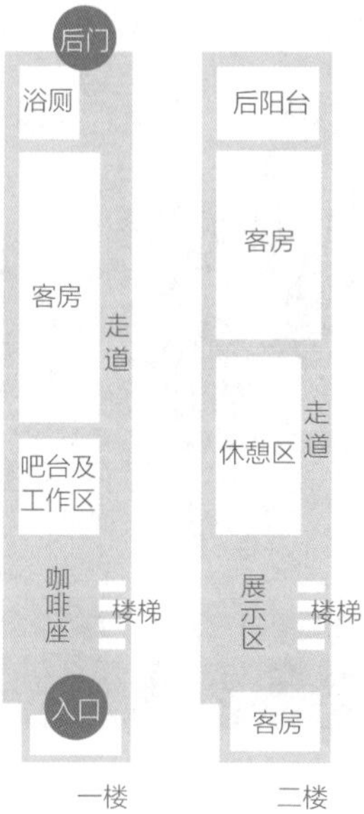

开放时间 / 周一至周日10：00—17：00
古迹认证 / 无
起建年份 / 1950年
原始用途 / 住家、旅社
建筑面积 / 一、二楼合计约277m²
改造营业日期 / 2009年8月
建筑所有权 / 私人
经营模式 / 租赁
修缮费用（新台币）/ 74万元
收入来源 / 饮料轻食80%、寄卖品10%、住宿5%、场地出租5%

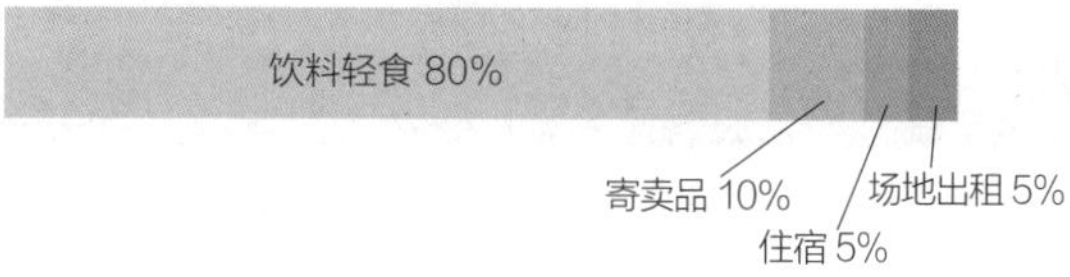

老房子的价值不在于外在的华丽，
而在于它会带给你什么样的想象。

——谢小五（现任主人）

建造时间
1920年起

把台式美学与府城生活收进房子

谢宅

人称“谢小五”的谢宅主人谢文侃，目前共经营着6栋不同风格、不同样貌的谢宅

台南谢宅，可以说是台南老房子再利用的模范。从 2008 年开始，人称“谢小五”的谢文侃将西市场的自家老宅化为古朴民宿后，至今已发展出 6 栋不同风格、不同样貌的谢宅，接待过无数海内外旅人。借由来台南住一晚，与老屋亲密接触至少 24 小时，进而让各地的旅人体验当地生活、府城文化，“到台南住老屋”俨然成为拜访古都必做的事情之一。

然而，创业的甜美不是一开始就能尝到的，回想这一路走来的过程，谢小五有太多的甘苦之谈。

缘起

从西市场老家出发

位于西市场内的第一栋谢宅，来过的人都印象深刻——得走过 80° 的陡峭斜梯，才能抵达楼上的老宅空间，这正是谢小五从出生一直住到 24 岁的房子。而将这栋充满儿时记忆的老宅化为旅人下榻之处，一切的起心动念都源于当时台南的两座重要的老建筑——真花园与新松金楼。两座老建筑一夕之间全被拆除，谢小五除了不舍，也开始思索老建筑的保护问题。另一个原因是谢小五的父亲中风，老宅的环境显然不再适合老人居住。在谢小五安顿好父母后，房子空闲了下来，这也是实验的开始。谢小五决定与成功大学建筑学系合作，展开第一栋谢宅的“变身”计划。

整修规划

呈现百姓生活写照，打造老屋的生活感

这是一栋五层的老宅，考虑到居住的舒适度，谢小五在格局上做了重新安排，但又纳入旧时的生活元素。

↑想探访西市场里的谢宅，必须先走过这座陡峭的楼梯。这是为了腾出更多空间给店面所做的变通

↗第一栋谢宅所处的西市场，是台南布商大本营

→西市场谢宅二楼客厅一角

西市场谢宅三楼厨房外的露天阳台。这里原是谢小五的房间，在整建谢宅时，将之拆掉，刻意留下一面墙，以纪念当年发生过的事

西市场谢宅三楼厨房的天花板用竹篱加透明波浪板制成，在阳光的洗礼下，极富诗意

西市场谢宅四楼卧室有着台南味十足的蚊帐和榻榻米

西市场谢宅二楼是客厅、起居室，也是书房

西市场谢宅五楼原为谢小五姐姐的房间，现整层都被改造为浴室，可让人好好享受洗浴时光

一楼是谢小五父亲经营的西服店；二楼原是谢小五父母的房间，现为客厅，里面摆放着的老钢琴和缝纫机都是谢小五家人的旧物，分别代表姐姐和妈妈；三楼是厨房与餐厅，外有露台，露台所在之处原是谢小五的房间，整建时已拆除，仅留下一面墙作为纪念；四楼为卧室，蚊帐及榻榻米呈现出台南百姓生活的真实情景；五楼原为谢小五姐姐的房间，后来整层被改造为浴室，谢小五还特地找了老师傅打造了一个磨石子浴缸，这里是洗涤身心的最佳充电站。

回想当年所做的这个决定，谢小五至今仍觉得很庆幸。“现在每次回来，这里还是跟当初一样。”他把从小生活在老房子、老小区的生活感，全都放在这栋宅子里了，每个角落、每个细节，都承载了许多情感，而与情感的联结，正是谢小五在老屋运营上最强调的部分。

“老房子的价值不在于外在的华丽，而在于它会带给你什么样的想象。”这是谢小五对“谢宅”二字的定义，他认为“生活感”是一栋老屋的精髓，建筑并不是美才有价值，而是要在其中生活，并与之互动，最后所产生的情感联结才是重点。在他打造的每一栋谢宅中，人们都能发现光影的舞动、微风的吹拂、树木的姿态，以及许多对台式生活、百姓文化的诠释，那可能是夏天踩在磨石子地上的沁凉感，又或是夜晚裹在手打棉被中的厚实享受，这些细节让旅人更加真切地感受到老屋的气息。

运营

熟知台南的团队，独当一面的员工

谢小五刚开始创业时，并不是所有人都看好。现在，“台南旅行”已经成为一种流行活动，但是十年前，台南的民宿业并不兴盛，多数旅客只把台南当中继站，“没有人想在台南住一晚”。除了产业环境问题，家人也不赞成谢小五投入老屋改造这一行。因此，刚开始运营的两年，谢小五平日在外企工作，到了周末才切换身份，接待客人。直到2011年——第三年做第二栋谢宅时，谢小五才辞去工作，全力冲刺，一人包办房务、工务、接待、导览、宣传等所有工作。“那个时候忙到无时无刻不在怀疑自己。”一直到了第五年，谢小五才开始聘请员工。

目前，谢宅团队的专职员工包括房务、工务、管家等。管家是旅客面对谢宅、认识台南的第一道窗口，每位管家就像是旅客的当地导览员，势必要熟知谢宅大事小情，同时也要对当地的吃喝玩乐及历史文化有所了解，因此管家的培训显得格外重要。一位管家需要花上6～8个月进行培训，才能开始独当一面，要等到第二年才会更上手，因此，员工的工作合同一签就是两年起跳。除了职前训练，每年固定的员工旅行也是教育训练的一环，谢小五特地挑选一些拥有好口碑的民宿或顶级饭店，让员工亲身去体验，从中感受所谓“好的服务”及自己的不足之处，再慢慢调整谢宅的细节。就是这样，慢慢雕琢、慢慢抛光，一点一滴成就了现在所见的谢宅，饱满而散发光彩。

办公室旁的忠义路谢宅

拉高价位，以服务建立物有所值感

在价格策略上，谢宅自有一套自己的思路。相较于市面上多数的民宿，谢宅的单价算是比较高的，出于重视住宿质量的原因，很多栋一次只接受两人入住。对此，

每栋谢宅各有特色，共通点是台式老宅，重视光、通风及植物点缀（图为忠义路谢宅）

谢小五不讳言，在凡事都讲求性价比、住宿价格越杀越低的当今，需要有人把市场的价格拉高。他进一步说明："反观日本老屋旅馆，如京都俵屋等，下榻一晚要上万元，那为什么我们的老屋民宿就做不到呢？"在他眼里，台南的老屋、文化及故事不比其他地方逊色，服务也很细致，所以即便单价稍高，也会让客人有物有所值的感受。

有趣的是，从目前观察到的情况来看，高单价的房型反而卖得比较好，这或许与谢宅的客户群体特性有关。通常来到谢宅的人，多数都对老宅体验、老派生活感兴趣，对品位有一定的坚持，加上谢宅并没有在任何订房网站上架，多是靠客人的口碑相传，因此集合了一群有类似喜好、品位的客户群体，他们愿意花钱探索生活。另外，外国旅客的占比也不小。

营销层面，除了单靠客人口碑，谢宅还有一点与其他民宿不一样的地方，"我们是一家从不提供地址的民宿"。谢小五说，让客人无法确切得知谢宅的所在，没想到竟成了一种另类的营销。当客人在询问或预约时，管家会花很多的时间往来沟通，从中得知客人的需求和喜好，再依此去安排最适合的住宿空间。下榻当天，管家会与客人相约在该栋谢宅附近的地标，再以散步的方式，带领客人穿街走巷抵达谢宅。整个过程就像是一种拆礼物的仪式，先吊足了客人胃口，再给予大大的惊喜。其实，这种没有地址、只给地标的报路方式，是谢小五为了表现当地人生活习惯而刻意为之。他希望让客人在入住前就能感受到府城的生活感。

把谢宅当品牌，把自己当艺人

近几年来，谢小五走出民宿到各地演讲、交流，他感到交流是件很重要的事，经营者必须站出来发声，告诉大家要做的事情，逐渐地就会凝聚出一股力量，发扬谢宅的美、台南的好。因此，他积极经营社交媒体，如脸书、Instagram 等，让自己尽量往年轻族群靠近，因为这十年的创业经验让他知道，一座城市具有留住年轻人的力量，是改变整座城市未来样貌的关键。“所以我现在把谢宅当作品牌来推广，把自己当作艺人来经营！”这看来像句玩笑话，但仔细想想也不是没有道理。

曾经在澳大利亚读工商管理硕士的谢小五坦言，MBA 的求学背景对他现在的所作所为有一定的影响，他说：“MBA 是理性的，教你怎么赚钱，但经营老房子是非常感性的。”因此，对于未来想要从事老屋运营或是正在这条路上的经营者，他建议要在理性与感性之间好好思考，该如何拿捏、找取平衡点，才能长久经营。

他正在思考未来或许会将“谢宅”这个品牌“种”到台南以外的地方，像是与台南有类似生活风格的日本的金泽，就是候选地点之一。也许，在不久的将来，人们就会看到属于台南本土的民宿品牌在国际上开枝散叶、传递生活理念。

（文／高嘉聆　摄影／林韦言）

谢宅

老屋创生帖

借由台式生活、百姓文化的诠释，
让旅人更加贴近老屋气息。

谢小五

老屋再利用建议

1. 老屋与生活情感的联结，是运营上最重要的部分。
2. 在老屋经营与营利之间找到平衡点，才能持续下去。
3. 积极经营社交媒体，如脸书、Instagram等，将老屋的美好宣传出去。

老屋档案

西市场谢宅平面配置

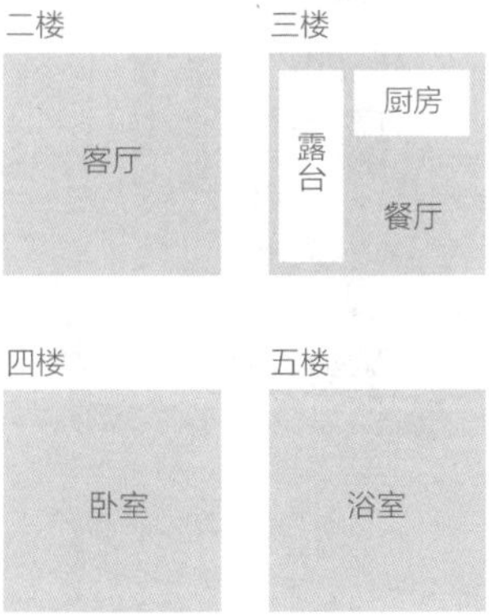

开放时间 / 预约，民宿不对外开放参观
古迹认证 / 无
起建年份 / 分别建于20世纪20至60年代
原始用途 / 住宅
建筑面积 / 六栋大小有别，$59m^2$至$182m^2$不等
改造营业日期 / 自2008年起陆续运营
建筑所有权 / 私人
经营模式 / 自用
修缮费用（新台币）/ 不公开
收入来源 / 民宿100%

房子本身没有生命力，
是来住的人给了古厝生命力。

——颜湘芬（现任经营者）

建造时间
清乾隆年间

邀旅人见证
古厝再生之美
水调歌头

颜湘芬与儿子两人一起回到金门，从一处民宿的主人变成三处民宿的主人（图为在新水调歌头民宿前的合影）

开间民宿，是许多人梦想的生活模式。如果能够在老房子里开间民宿，是不是更梦幻？金门拥有许多美丽的古厝，金门公园管理处为了活化传统建筑，特别与屋主协商，由管理处出钱修复代管 30 年，于 2005 年正式启动古厝标租（竞标租赁），面向各界开放申请。在金门水头聚落经营“水调歌头”的颜湘芬，正是第一批获得古厝活化经营权的民宿主人之一。从 2005 年到现在，她一共经营了三处古厝民宿，见证了金门古厝再生的发展。

缘起

返乡，租下古厝当民宿

颜湘芬老家在福建省金门县。跟大多数当地的年轻人一样，颜湘芬高中毕业后到台湾读书、留在台湾工作，一家兄弟姊妹及母亲也陆续搬到台湾定居。返乡经营民宿的契机，来自一次家庭聚会的闲聊。某日，颜湘芬和同为金门人的二姐夫聚会，谈及金门公园管理处要推出古厝标租政策，二姐夫鼓励当时从事旅游业的她回乡经营。虽然颜湘芬心想“怎可能有这么好的事情”，但事后也还是积极询问，发现果然有此事。过去她负责带团的瑞士、法国古堡旅游线路都大受欢迎，她以当导游的经验判断做这件事一定可以成功。“金门古厝这么具有代表性与特殊性，当然有机会！”颜湘芬说。

金门古厝标租政策

金门公园管理处以 800 万元重修本栋古厝，取得 30 年使用权，并公开招标延揽民宿主人。首届试运营只有一年，由管理处提供床柜、冰箱等硬件基础设备，待此运行模式上轨道后，后续标租年限渐改成“二加一”“四加三”，现在是“五加四”，即最多九年，且管理处不再提供设备。每年标租金额视建筑大小不同，交付给管理处的租金从十几万到三十几万不等。

金门公园第一批标租的古厝有 15 栋（至今标租古厝数量已达 71 栋），首次标租采取一年一标的方式，有些人担心翌年没投到标无法延续而不敢参与，但颜湘芬毫不担心，挑了三栋喜欢的古厝提案申请，简报时主攻经营方面想法、理念与执行方案都相当清晰，最后她顺利取得其中一家“水头 40 号”的经营权，并将民宿命名为“水调歌头”，于 2005 年 7 月 20 日正式开业。顺利抓住了回乡的机会，颜湘芬带着儿子到金门念高中、大学，之后儿子又成了金门女婿，母子两人落地金门，从一处民宿的主人变成三处民宿的主人，从一个人经营变成两代人一起经营。

运营

同中求异，尝试各种创新策略

有着丰富导游经验的颜湘芬，一开始经营民宿的策略是“住宿送导览”，几乎深度陪同住宿者游览金门。直到经营年余，她才惊觉应该要改变，让自己成为真正的民宿主人，并常到台湾参考其他民宿的做法，对自己的经营策略加以改进，此后导览不再是她的重点。

曾有人向她建议民宿可提供“一泊二食”（指停车和两餐）或下午茶等服务，

但颜湘芬认为古厝环境要维持干净已很困难，料理给环境造成的负担更大；而且游人来到金门，不就应该体验当地消费，品尝当地特色料理吗？民宿所扮演的角色，应该是提供好的住宿服务，并和当地店家形成伙伴关系，让客人可以便捷地体验当地产业。

初始，来自各界的类似建议不少，要坚持自己的理念颇为辛苦，颜湘芬强调："开民宿是一种为维护房子而存在的经营方式，不能因为客人喜欢和需求而随意更改，而是要让客人接受建筑所在的环境。"

颜湘芬从第一年运营开始，就聘请聚落小区的妈妈当管家，负责整理、打扫环境，她也曾被质疑为何不自己做，颜湘芬说："就是该分工，我去做推广才能增加效益。"现在三家水调歌头系列民宿各有一位服务管家，颜湘芬和儿子负责接待，总共有五位工作人员。多年下来管家妈妈已能独当一面，甚至有的管家妈妈后来去标租其他民宿经营。

随时根据环境改变，脚步跟着走

颜湘芬建议："过去他人的经验只能当作参考，不能一成不变地沿用，因为民宿的运营，得随时根据环境改变，脚步跟着走。"

水调歌头是金门第一家跟立荣假期（台湾立荣航空推出的商业项目）合作的民宿。一开始，因为这个机票加酒店的合作方案，其经营模式还被质疑，颜湘芬笃定地回应："对我们来说，机票加酒店的方式是一定需要的。"

早期的旅游方式不是跟团就是习惯买套装游程，曾有一阵子，水调歌头半数以上的住宿者都来自立荣假期，更有不少博主拍照写文，颜湘芬自己也经营博客，因此民宿影响力越来越大。那时，水调歌头民宿在台湾地区的网络搜索排名曾一度比苏东坡的作品还要靠前，这对水调歌头民宿的推广可以说相当有帮助。

现在，大家习惯自己上网订房，颜湘芬也抓住这个改变，跟订房平台合作，虽然手续费超过 10%，但订房平台的国外客人更多的是通过评价来选择住宿地点的，这会让水调歌头的客户更加多元化。颜湘芬提起曾有位外国客人从订房平台预订了四夜，当时她不在金门，虽然有管家服务，也事先告知了客人，但还是担心沟通不足，造成疏忽，所以忐忑的颜湘芬特别拜托当地的朋友前来关照。结果客人觉得水调歌头运营得非常用心，还给了满分十分的评价。

为了让水调歌头增加曝光机会，颜湘芬也努力参加各类推广活动，像是台湾地区交通事务管理部门举办的百大好客民宿活动，希望可以入选，让金门古厝之

第一阶段的桌椅由公园管理处配置，颜湘芬考虑到古厝空间隔音不好，若设置喝茶的茶席，恐会互相干扰，因此摆设了当地陶艺家做的风狮爷棋子

水调歌头的院子，蒋勋赞其具有空间感、时间感

美被看到。很幸运，水调歌头在 2018 年被选入“十大”名单。

颜湘芬认为民宿是个专业的行业，有些人觉得开民宿很容易，但实际进场后才发现十分耗费心力：这批客人很喜欢，下批客人却可能提出不同意见，在赞美与批评间落差很大。她建议民宿主人得慢慢降低个人喜好的影响，对每位客人都应该用同样的心态、同样的标准来接待。她说：“只要用心，客人会感受到；做不到的不要勉强，诚实对待客人，客人也能理解的。”

民宿彼此串联，合作力量大

“喜欢古厝是一回事，要运营又是另外一回事；以古厝作为运营空间，是要让不同时间来到的客人都能够欢喜，照顾好这房子是现阶段最重要的事。”颜湘芬认为并非抱持良好的理念即可，在收益允许的情况下，还可逐步更新设备，让水调歌头系列民宿朝向优质的精品民宿路线前进。“因此，前几年经营很难赚到钱，得把盈余的钱再投入设备更新，才能有机会继续投标取得运营权。”颜湘芬说。

↑→水调歌头民宿房间典雅舒适，
深受文艺界人士欢迎

水调歌头是颜湘芬开始经营的第一家古厝民宿

金门公园标租出来的古厝民宿，彼此不仅是竞争对手，也是伙伴。在第一阶段标租的 15 栋民宿中，水头聚落就占了 9 栋，民宿从业者原本担忧客源可能被稀释，但后来发现古厝民宿数量越多，产生群聚的力量就越大，自家满了就介绍到邻居家去，一起把蛋糕做大。这些经营者后来也加入了颜湘芬曾担任理事长的金门县民宿旅游发展协会，借由参观、访问、交流，一起合作训练，大家越来越有进步。

老房子也会挑选客人

从 2005 年取得水头 40 号开始经营第一家古厝民宿水调歌头起，颜湘芬陆续在 2008 年开始运营 54 号的“定风波”，2010 年开始运营 35 号的“新水调

新水调歌头民宿交流厅

歌头”，目前颜湘芬的民宿共有三处，总共 18 个房间。

“房子自己会挑主人”，经营老房子的人常这么说。但颜湘芬说，老房子也会吸引不同的客人群体，像水调歌头有 6 个房间，入住者几乎都是文艺界人士、艺术家等；定风波主要住宿者为年轻人、摄影师或是整个公司包栋；新水调歌头则大多是公司员工旅游或同学会旅行。客群虽未特别区分，却很有趣地产生了差别，而且回住率也非常高。

客人中常有艺术家、建筑师或植物研究者，颜湘芬会借此机会请教专业人士，根据他们的意见来进行调整。像在新水调歌头庭院中的绿植，就是根据长期投宿的客人的建议设置的，屋子的景色因此更有层次感。颜湘芬认为，专家的建议正

新水调歌头民宿的客人多是公司员工或学生团体

好成为民宿改善的动力，客人下次来住时也可以进行监督，这种来自运营者与客人之间的互动，让房子越来越好、越来越受欢迎。

“院子是古厝的灵魂”，艺术家蒋勋曾这样赞赏水调歌头的院子，他说古厝的院子有空间感、时间感。颜湘芬说来住宿的客人都非常喜欢院子，甚至有人特别早起来抢座位，在院子里吃饭、发呆，享受空间。她说：“房子本身没有生命力，是来住的人给了古厝生命力。”长期和古厝相处，颜湘芬仿佛也能够感受到房子的心情，她说：“我觉得我和老房子是一起的，它会跟我对话，如果觉得房子累了，就尽量一两天不收客人，让房子休息，等它有了精神时再接。”

如果想要以老房子来经营民宿，颜湘芬表示运营成本很高，要维护的东西很多，想赚大钱不可能，有志于此的人要先有这样的认知。她曾梦想在古厝中开书店，毕竟早年私塾都在古厝上课，但最后考虑到民宿与书店两者无法兼得，不过书店梦还在。她策划了以才艺换宿的活动，也曾邀请聚落幼儿园小朋友来听故事，让孩子们从小就能亲近古厝。

近年来，常有各地民宿从业者前来水调歌头交流，颜湘芬正在思考是否能把这十几年的经验汇整，朝民宿学院的方向发展，开办民宿主人的培训课程，希望分享经验，让有兴趣的人少走点冤枉路。

（文／叶益青　摄影／范文芳）

水调歌头

老屋创生帖

房子会挑主人，也会吸引不同族群的客人，照顾好老房子，古厝之美就是最大的吸引力。

颜湘芬

老屋再利用建议

1. 想要以老房子来当民宿，运营成本很高，要赚大钱不可能，必须先有这样的认知。
2. 民宿所扮演的角色，应是提供良好的住宿服务，和当地店家形成伙伴关系，并不一定要跨界。
3. 经营民宿并非抱持良好理念即可，在收益允许的情况下，可逐步更新设备，朝优质精品民宿前进。

水调歌头 **老屋档案**

水调歌头平面配置

开放时间 / 民宿不开放参观，无固定休假日（过年时从除夕到初四休假）

古迹认证 / 无

起建年份 / 清乾隆年间

原始用途 / 住宅

建筑面积 / 约330m^2

改造营业日期 / 2005年7月

建筑所有权 / 黄氏家族所有，金门公园管理处代管30年

经营模式 / 经公开招标程序，取得租赁资格

修缮费用（新台币）/ 金门公园管理处以800万元重修后延揽民宿主人，民宿主人无须负担古厝修缮费用

收入来源 / 民宿100%

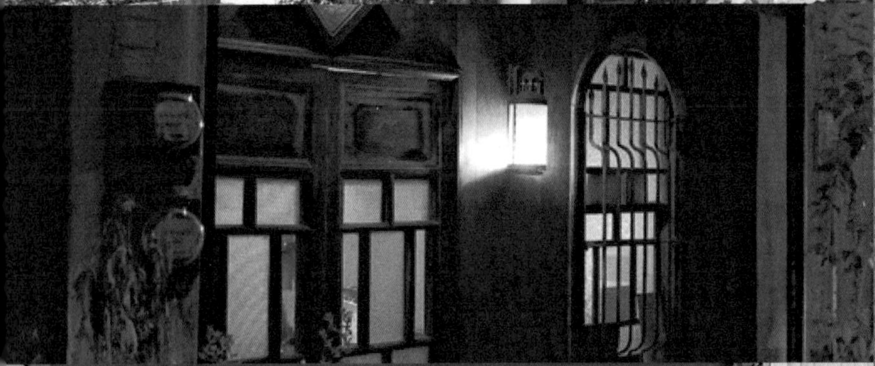

LE BON MARCHE

2901-012

餐饮空间

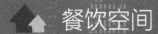

传递老故事与创造新回忆，
是老房子运营的主轴，
此外，味觉也是我们用来记忆一个地方的方式之一。

—— **水瓶子**（青田七六文化长）

建造时间
1931年

以文史为底蕴，让老屋不仅是餐饮空间

青田七六

青田七六位于充满日式氛围的巷弄中

台北青田街是一条充满日式氛围的巷弄，隐藏着许多老宿舍群，其中位于7巷6号的青田七六，是在日据时期由台湾大学的足立仁教授建造的和洋建筑，二战后由该校的马廷英教授入住。2011年，几位地质系毕业的校友接下运营再生老屋的重任，将老屋以文化推广及餐饮空间形式对外开放。

绿树掩映下的木造建筑古朴且充满悠闲的氛围。走进屋内，着袜踩在木地板上，穿过长长的走道，在光影变化间感受建筑中悠长的岁月；坐下来喝杯带着房子主人故事的饮料，太多角落、许多片刻，都让人沉浸在老房子的美好中。

来到青田七六，可以在此了解古迹故事与地球科学，悠然享用餐饮。不过，也有人不喜欢以餐厅形式活化的老屋，正反意见都有，青田七六运营团队逐步调整步伐，慢慢找出了属于他们的活化古迹的方式。

缘起

校友组团、维护管理教授之家

台湾大学于1928年建校，当时教授住宅尚未解决，于是教授们便在青田街

↑遛遛七六小书房外的庭院

←青田七六由黄金种子有限公司运营规划，图为负责对外公关及活动的水瓶子

自力盖了 29 栋建筑。其中，钻研蔗糖土壤改良的足立仁，自己规划了和洋混合的住宅，其最特别的地方是有个可晒太阳的阳光室，利用透明材料的屋顶可让光线洒落室内；阳光室外面原是一个儿童游泳池，后于 20 世纪 60 年代拆除；每个房间至少有两个门，方便走动且便于逃生。二战后，地质学家马廷英教授入住，一直到 2007 年，老屋都是马家的住所。这栋建筑在 2006 年以“台湾大学日式宿舍马廷英故居”之名被指定为市级古迹，2010 年，台湾大学以公开招标的方式征集运营者，最后由团队成员多为台大地质系毕业的黄金种子有限公司接下修复运营老屋的活化任务。团队最初想将其打造成台北地质故事馆，后因考虑到运营的可持续性，最终定位为推广地球科学的餐厅。

整修规划

分阶段抢时间、经费有限的修缮方式

于 2010 年接受委托，翌年正式取得运营权的黄金种子有限公司团队，因建筑屋况还不错，决定减少改动，尽量保留原有历史痕迹。由于经费不足，团队

采用了“以人工和时间取代一次性投入大量资本”的整修方式。对外公关及活动规划的负责人水瓶子说，他脑海里印象最深刻的是团队成员不断扫地的画面；而从筹备起就参与工作的同人杨晴茗说，正式开门运营前，团队投入的费用已逾一千万元，负担很重，因此无法大量增聘人员，仅能靠原有的人手慢慢修整，甚至有台大地质系教授主动前来帮忙。庭院植物需要洒水疏草，也全靠团队成员自己提前上班来做。

运营后，青田七六不能随意闭馆，只能每个月休一天，以便整修；为了安全，更换电线也得趁月休日动工，因此花了快一年才分阶段完成整修；窗户的灰泥窗框要修，还得赶上好天气才能动工，师傅在窗外修，客人在屋内用餐，顺道欣赏进行中的古迹修复……这些不得已而为之的情况反而成为一种古迹教育方式。虽

长廊的一侧是阳光室，客人可在此享受自然洒入的阳光

青田七六由许多相通的小房间组成，每个空间都不大，却拥有独立空间的隐私感

然分阶段维护古迹让费用增高许多，但面对运营的现实压力，不能关门整修，因此店休这一天，对青田七六来说便相当重要。

运营

以导览传播古迹教育，员工人人都能解说

导览，是许多古迹用来介绍自己的方法。青田七六上午导览为固定时段，讲师背景多元，不管自家员工还是来自外界的人，都要经过层层考核后才能上岗，因此说起历史来活泼又生动，就连庭院里的枫香树生了褐根病，也能成为导览主题，让树的生老病死成为青田七六生命教育的一部分。

多位老师从 2011 年开馆时就加入服务，因为认同理念，甚至分文不取，愿意陪着青田七六一起努力。青田七六考虑到导览老师的辛苦，向各位老师提供免费用餐的福利。至今，连同员工，合格的导览老师已有 17 位，包括前屋主马廷

阳光室是足立仁教授的原始设计

英教授的大儿子、作家亮轩，上午免费的文化导览已是青田七六的招牌活动了。

除了上午的导览活动，团队也邀请了许多人前来举办旅游、文史、音乐、茶道等小型讲座，从 2012 年开始更走出青田七六，扩及街区。2018 年，团队成立七六聚乐部，一系列精油芳疗、和服体验、和果子制作等活动能够让参与者在老屋里感受更多元的文化及乐趣。就算文化活动是收费的，但要保证收支平衡却实属不易，然而为了文化使命，课程仍然一直在持续。

除了至少一小时的上午场导览，2017 年下半年，青田七六又推出夜间半小时微导览，由餐厅服务人员为客人介绍空间及故事，让客人在用餐时也可以轻松了解古迹。而运营团队一方面可以通过导览来考核员工，另一方面可以提高其服务热情和团队向心力，让员工觉得自己供职的青田七六和其他餐厅不一样。

古迹当餐厅，让故事上菜单

传递老故事与创造新回忆，是老房子运营的主轴，此外，味觉也是我们用来记忆一个地方的方式之一。水瓶子提出“让故事上菜单”的想法。青田七六抽取过往历史片段，将其延伸为餐点内容。例如，马廷英一次吃 70 个水饺以防止肚子饿影响研究思路，因此“青田水饺”出现了；“薄盐莲藕酥片”则取材自这里种过莲花的过往；秋日限定的甜点，将北埔的柿子塞入豆沙内馅及奶酪，象征文化混合，更是原屋主亮轩的最爱；首任主人足立仁研究甘蔗，所以有个特别的隐藏版饮品“蔗之醇”，是冰滴咖啡与天然蔗汁的相遇。青田七六强化食物与记忆的结合，让每一口美好的感觉都有故事能够被传播。餐厅从 200 多元的单人餐到 1680 元的预定宴席料理都有，许多客人都喜欢把这里当成自己家来宴客，亮轩更是其中的常客。

古迹成为餐厅的运营形式，这让青田七六被喜爱，也常被误解。总经理曾令慧指出，为了保护木造建筑，料理是在后方 20 世纪 60 年代盖的砖房内完成的；为了降低油烟对环境的影响，菜单取消油炸料理，并装设最高规格静电处理机，每年更要花上数万元申请检测，以实际行动降低民众疑虑；此外，餐厅导览时不使用扩音器，晚上九点前结束营业，以免影响邻居休息。

“蔗之醇”是冰滴咖啡与天然蔗汁“相遇”

文化导览已是青田七六的招牌活动（图片提供/青田七六）

不申请政府补助，要自给自足

黄金种子团队曾创意十足地想出了“岩石冰淇淋策划案”，并去台湾地区经济事务主管部门提案，想让北投石、安山岩、台湾玉等成为冰淇淋主题来推广地质，同时也可以增加收入。水瓶子说，没想到遇到台湾塑化剂与起云剂风波，客人产生疑虑，加上甜筒造型不易保存，摊车外观与古迹不合拍……种种规划与实际执行间的差距导致计划效果不佳，不得不草草结束。自此，团队决定之后不再申请政府补助，自己的古迹自己爱！团队以高标准来照顾古迹，日日开店前逐一检查巡检表，每年送交报告给台湾大学和台北市政府文化局，不但满足了两个主管单位的要求，同时也获得了督导委员的赞美。

运营7年来，团队遇到文化资产保存规定的修正，不得不做出原属非必要的因应计划，需补件办理，曾令慧说仅这一项便足足增加了几十万元支出，修缮费亦逐年增加。而枫香树发生褐根病花费近百万元，这些都是团队一开始未预先评估的意外支出。许多人以为青田七六常满座，生意好，铁定赚不少钱，但实际上团队的付出远远超出想象，且因为不能一次性汰换设备，改善环境，只能年年边赚边改。最新的遛遛七六小书房在2018年春季完成改造，让访客来此可轻松阅读历史人文与地球科学书籍。

遛遛七六小书房，提供附近历史人文景点、地球科学相关书籍，让大家自在翻阅

岩石墙上面是台湾366种花卉的图腾，配合生日花语，可为赠送朋友的礼品提升价值

青田七六空间大、人力多，内外场共有约 25 位员工，而文化导览办公室员工则有 5 人，餐厅收入得用于薪水、员工福利、房屋修缮、导览以及回补初期投资的亏损，运营至今但求损益平衡。但既然决定不申请补助，又该如何才能维持古迹的维护？多方考虑之下，团队在 2012 年接下台大农化系陈玉麟教授居住过的另一栋老房子，成立野草居食屋，让两个餐厅共享部分食材，以分摊成本。2017 年，因人力成本增加等因素，青田七六出现亏损，曾令慧自嘲说：“唉！没有理由，就是不够努力，要继续加油啦。”

以活动强化推广，一叶叶长出来的故事

青田七六老屋活化最大的魅力是故事多，足立仁教授后人足立元彦，曾和马廷英教授后人亮轩在此相会，两代屋主的相会带来满满的回忆与感动，让故事不断延续。

“蛮奇妙的，当你喜欢做这件事情，会发现很多人主动来提供帮助。”据杨

晴茗介绍，青田七六团队获得了许多贵人相助。初始，团队将台湾常见植物的花朵与生日结合推出 366 生日花计划。一本放在二手书店展示的生日花图书引来两位专精博物馆管理的运营顾问“从天而降”，自愿提供协助，让青田七六运营不断成熟。“青田七六这栋房子本身就有吸引贵人的能量”，杨晴茗是这么觉得的。水瓶子说其实是房子本身吸客，他们在营销上并没有太多特殊的做法，顶多是近年将导览资料放在官网上，没想到许多人下载使用，传播效益越来越高。目前，青田七六平均一年约有 320 场各式导览、讲座、科普活动，至今已举办超过两千场活动，每月有访客万余人，越来越多的人爱上了这里。

目前，除了青田七六和野草居食屋两处据点外，黄金种子团队还在持续寻觅适合的第三处或第四处有故事的老房子。曾令慧说，找到适合的老房子，导入适合的活化方式，让老屋能自给自足，使更多的人一起来到老屋，这是现在，也是未来的目标。

（文／叶益青　摄影／范文芳）

青田七六

老屋创生帖

找到适合的老房子，
通过公开导览与餐饮服务，
让大家使用这个空间。

水瓶子

老屋再利用建议

1. 维修过程若能让民众看得到是很好的教育，边修边让民众了解，比闭门修好再开放更好。
2. 再利用时，要把周边小区民众的生活习惯一起考虑，方能不扰邻且与其好好互动。
3. 老屋运营最大的魅力是故事很多，要能将过往历史找出来。

老屋档案

平面配置

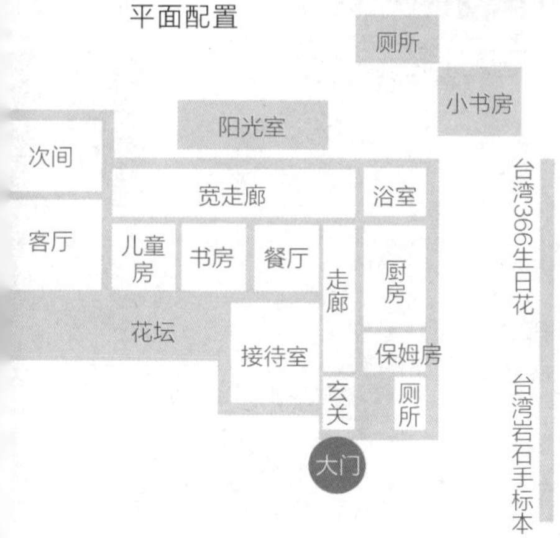

开放时间 / 导览时间为10：00—11：00，须网上报名；餐饮分为午餐11：30、午茶14：30、晚餐17：30三个时段，每月第一个周一休馆（到访前先参考官方网站确认）
古迹认证 / 市级古迹
起建年份 / 1931年
原始用途 / 住宅
建筑面积 / 占地68m²，建筑面积132m²
改造营业日期 / 2011年6月
建筑所有权 / 台湾大学
经营模式 / 租赁
修缮费用（新台币）/ 初期约1000万元
收入来源 / 餐饮99%、导览等文化活动1%（每年平均约320场）

在这个年代，大家习惯东西坏了就丢，
但老物件是越用越坚韧，
越久越有味道。

——林文滨（现任经营者）

建造时间
清末时期起

跨时空老屋遇上音乐酒吧

萝拉冷饮店

林文滨从十多年前起，就踏上了老屋运营这条“不归路”

凭着对老物件及老房子的热爱，在台南陆续经营了 Kinks 老房子酒吧、顺风号咖啡馆、Wire 破屋餐厅、铁花窗民宿等店面的林文滨，从十多年前起，就踏上了老屋运营这条“不归路”。2017 年 2 月，他的老屋新生团队再度增加一名生力军——萝拉冷饮店。不过这回很不一样的是，他头一次接手清代的房子，再以音乐、电影、酒吧三大元素构成了萝拉冷饮店的灵魂，这里是酒吧，也是展演空间，卖酒也卖黑胶唱片。然而，没有明显招牌的萝拉冷饮店从外观上看时常让人找不着头绪，但一旦找到路径推开门，里头却是别有洞天。

缘起

跨年代的两栋建筑，营造出时空穿梭感

萝拉冷饮店由两栋不同年代的建筑打通构成，内部格局很有意思：前栋是 20 世纪 60 年代的两层楼房，后栋则是清代（推测约为清代末年）的挑高木造老屋，游走其中，颇有穿梭时空的趣味感。老板林文滨便依此特性，将室内空间规划为不同区块来营造时代氛围，前栋是日据时期风行的和洋式，后栋则从梁侧的木纹

萝拉冷饮店位于信义街，外观低调但颇令人好奇

雕花、木墙上的矿物彩等带出了清代的气息，暗喻台湾地区所走过的历史——清代、日据时期以及当下。

百年城门兑悦门的前方就是信义街，早期是通往安平港的要道，现今古朴的街道，让人感觉仿佛走入了时空隧道

对于看中的老房子，林文滨出手极为迅速。萝拉冷饮店所在的老屋此前是一家名为“烹书”的风格独特的餐厅。有一天，林文滨从网上得知这个房屋出租的消息，没过几天便与房东完成了签约手续。林文滨说：“主要是看中后栋的空间，很少看到清代的房子有如此挑高的。”萝拉冷饮店的其中一位股东阿凯，他与房东都是 1976 年出生的：“感觉似乎跟七六这组数字特别有缘，店里的电话也选了七六作为结尾，这是我女友

看了一些神秘学的书所做的决定。”加上这段奇妙的数字缘分，林文滨与这栋老屋的缘分，就此结下。

整修规划

以旧料取代腐料，以修复代替增建

虽然决定得很快，但接手以后的整修才是考验的开始。林文滨坦言，整修前，这栋老屋的状况不太好，有五根梁柱下陷，导致天花板至少有五处在下雨时会漏水，加上隔壁也是一栋木造老屋，两间房子共享一堵木墙，墙上有许多缝隙，还有多块木板遗失。“从我们这边就可以看到隔壁房子的内部。”林文滨描述当时的屋况，水不只会从天花板漏下来，也会从隔壁房子的墙面、地板慢慢流进来。

不仅如此，老屋所在的信义街为台南市区地势较低洼之处，萝拉冷饮店的位置又在“街中最低”，如何解决水患是整修时的首要事项。

“于是我们就买了抽水机和沙包。”林文滨说此为其一。其二则是利用木头旧料，将梁柱、墙面等一一修复，基本上使用的木材都不是特殊的种类，但林文滨坚持一定要用实心的旧料：“实木不怕水，遇水阴干就好了，加上室内有空调也能吸收湿气，没有了湿气也就不会吸引白蚁来。”这是环环相扣的学问。

然而，利用旧料修复老屋着实不易，旧料必须先经过去漆、拔钉、刨平、打磨、上油等步骤后才能使用，不仅时间成本颇高，也鲜有木工师傅愿意接手，加上资金有限，于是，林文滨与女友晶晶索性挽起袖子自己来，每天从早上修到晚

←↙ 前栋空间规划为日据时期流行的和洋式风格

←店内的桌椅、灯具及摆设几乎都是老物件，多来自林文滨自己的收藏

各种灯饰温润耐看，是老灯具特有的美感

阁楼上的小空间

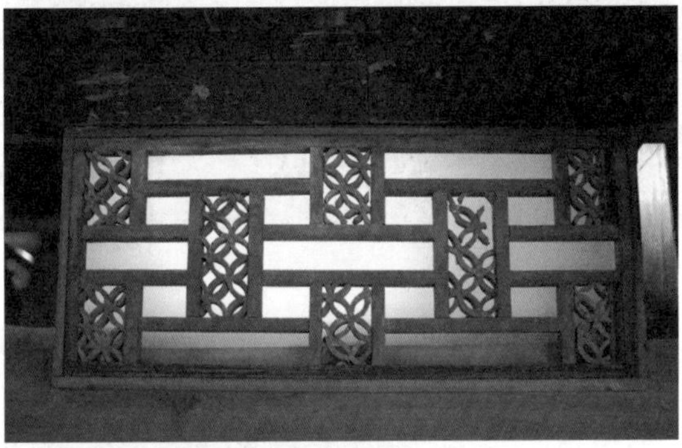
这扇清代木造气窗，被发现时已破损，全靠店主巧手修复成现在的模样

后栋建筑木墙上的颜色是店主参考清代常用色彩所调制的

上十一二点："有时都觉得我们不是在开店，而是在做古迹修复。"

此外，考虑到运营后会播放大量的音乐及举办音乐活动，隔音也是整修时的重点，但这对于木造的老房子来说，可是一大挑战。就以在天花板上钉有吸音作用的木丝板为例，由于清代房屋的木梁间距不一，而且每一根梁的首尾也非等宽，每根木头都有自己的形状和尺寸，因此在将木丝板锁进木梁的过程中，总是需要反复测量，爬上鹰架，拿上搬下，要磨合好几次才能完成。而且每块木丝板又重又大，常常一天锁不到几块天就黑了。在施工过程中，当天花板上积了百年的灰尘掉到眼睛里，将自己搞得灰头土脸的时候，晶晶苦笑着说："常会怀疑为何自找麻烦。"

在布置方面，店内的桌

店内也供应不含酒精的饮品，如玫瑰柚子苏打水

入口处摆放了许多黑胶唱片及CD，欢迎乐迷来寻宝

椅、灯具及摆设几乎都是老物件，多数来自林文滨自己的收藏，有些则是他的巧思，赋予不堪使用的老料以新的生命。比如，吧台便是用老气窗改造而成的，新旧交融，让空间更有意思又不会有违和感。“在这个年代，大家习惯东西坏了就丢，但老物件是越用越坚韧，越久越有味道。”这是对老物件痴迷的林文滨的坚持。

店内播放的音乐取向相当多元，主要为摇滚乐

运营

推广音乐，是运营的第一信念

音乐、电影、酒吧是萝拉冷饮店运营的三大项目，而音乐更是其中的主轴。曾在唱片行

工作、热爱摇滚乐的林文滨认为，创作者赋予音乐很强的精神性，每首歌曲不只是一个故事，更蕴含了富有生命力的哲理。在过去，人们会花时间逛音像店、阅读歌词，探寻歌曲背后的意义，不过由于数字时代带来的便利性，人们很容易就可以获得大量的音乐，但就像是快餐，流行得快，汰换也快，少了往昔音乐带来的隽永、珍贵的价值。

因此，在运营方面，萝拉冷饮店的首要目的就是推广音乐。店内所播放的音乐以摇滚乐为主，有时也会出现日本、欧美，甚至泰国、印度尼西亚等一般人们不太熟悉的东南亚音乐，取向相当多元。这里也是音乐迷交流的天堂，入口处摆放了许多黑胶唱片及 CD，欢迎同好来寻宝、分享，有时还会举办各种音乐活动或相关讲座，只要把后栋平时摆放的桌椅搬开，就是小型展演场地，林强、小树等音乐人都曾在此举办音乐活动。

非典型的酒吧，吸引多方客群

墙上播放的无声经典电影，也显示了店主的兴趣及品位，顾客就算是一个人来这里也不会感到无聊，反倒能静静地感受到经典电影的独特魅力。有趣的是，其实刚开始运营的前半年，萝拉冷饮店的定位并非酒吧，而是从下午 2 点营业至午夜 12 点，希望能吸引下午茶或晚餐的消费群体。“开酒吧 14 年，有点年纪了，不想太晚睡。”然而，或许是因为林文滨的身上深深烙印着酒吧的痕迹，店里总是晚上才有客人，而且越晚人越多，因此林文滨只好顺势将营业时间稍做调整，改为现今所看到的晚上 6 点至凌晨一两点。

店内除了供应酒精饮料，也有不含酒精的软饮料以及咖啡和茶，餐点除了适合佐酒的卤味、点心拼盘等，也提供现烤比萨和饭类简餐，菜单会定期更换品项。目前，店内的收入还是以餐饮为主，唱片、演出、讲座等活动收入为辅。店内大事小情主要由林文滨和晶晶两人打理，假日会有一位工读生来协助。“老实说，我们不太懂宣传营销，主要还是靠客人的口口相传。”靠着口碑自动传播，萝拉冷饮店的客户群分布很广，但有个共通点，就是他们都是对音乐、电影或老物件感兴趣的人，其中除了追求时尚的年轻人外，也有不少音乐人、设计师、大学教授，甚至还有客人会带父母和长辈来，一起享受台南的老派之夜。

关于未来，两人都期盼萝拉冷饮店能成为国际化的音乐、艺术、文学的交流平台，将台湾地区的音乐介绍给全世界，也把外面的音乐带给台湾地区乐迷。“对于未来，没有人真的能清楚地知道会发生什么事，那些社会上所谓的成功公式，其实也不是真的那么管用。我们能做的，就是想办法让自己好好活着吧。”林文滨和晶晶的一席话，道尽了老屋运营的辛酸与甜美。

（文／高嘉聆　摄影／林韦言）

萝拉冷饮店

老屋创生帖

以音乐、电影、酒吧为运营主轴，
期盼成为国际化的
音乐、艺术、文学的交流平台。

（图片提供/林文滨）

林文滨

老屋再利用建议

1. 坚持利用实木旧料修复老屋，不怕湿气与白蚁来骚扰。
2. 考虑到运营后会播放大量的音乐及举办音乐活动，必须注意隔音问题。
3. 以巧思赋予不堪使用的老旧材料以新生命，让空间更有意思又不会有违和感。

老屋档案

平面配置

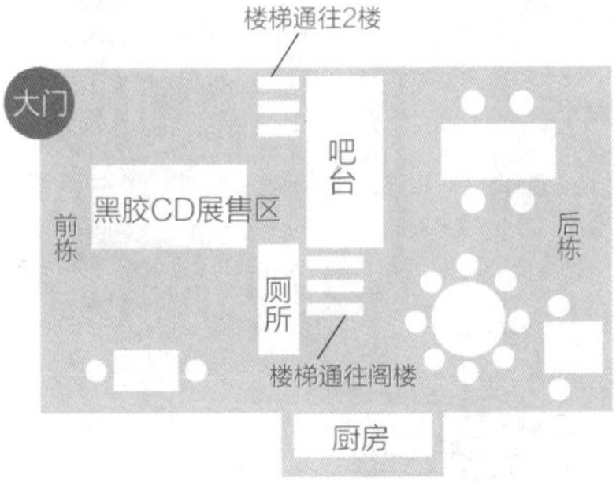

开放时间／周日至周四18：00—01：00，周五、周六18：00—02：00（周一公休）

古迹认证／无

起建年份／前栋为20世纪60年代，后栋推测为清末时期

原始用途／住宅

建筑面积／82.5m²

改造营业日期／2017年2月

建筑所有权／私人

经营模式／租赁

修缮费用（新台币）／100万元

收入来源／餐饮95%、其他（实体唱片、活动、讲座）5%

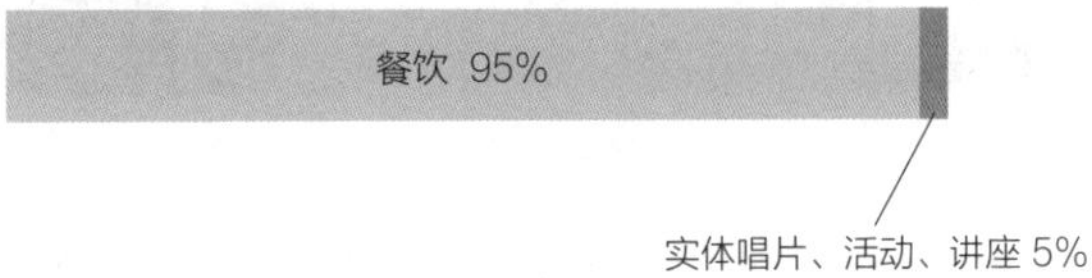

期待自己的餐厅
成为一个让“生产者、料理人、消费者”三方
通过饮食互相学习、交流的平台。

黄颖（现任经营者）

建造时间
20世纪20
年代

推广食农文化的红砖小洋楼
好市集手作料理

从高雄地铁西子湾站二号出口出来，便是鼓山一路，这里是曾经繁华、如今归于平淡的哈玛星老街的一部分。近些年来，都市更新风潮兴起，哈玛星区域陆续有不少老建筑消失，存留下来的则有的废弃，有的再生，一栋两层的红砖老洋房“合美运输组”则幸运地转化为好市集手作料理。

根据打狗文史再兴会社的调查，合美运输组这栋超过 90 年的老屋，在日据时期由日本人经营，用于海陆货运，一楼设有两个大门，以方便人和货物进出。二战后，这里曾经作为贩仔间、打铁铺等，也闲置过，但其结实的结构与细致的窗棂和柱子，即使蒙尘仍不掩风华。

2014 年 5 月，黄颖在这里创办了好市集手作料理（Le Bon Marche，以下简称好市集），让这栋老屋有了新的灵魂。他尽量取用当地食材，邀请农民亲自介绍产品，期望让这里成为推广“食农文化”的南欧料理餐厅。

缘起

料理职人，对老屋一见钟情

好市集的主厨兼经营者黄颖，1984 年出生于高雄，有着 13 年扎实的西餐厨艺经验，个人装扮如同自家餐厅风格——轻松、自在，又带点混搭。他为何会选择在老宅开店呢?

“小时候寒暑假时，我都会回外公外婆家，那是屏东已拆迁的眷村。十六七岁时，我发现高雄、台南许多眷村都在拆迁，我

“哈玛星”老高雄昔日商业区

“哈玛星”是日语“滨线”（**はません**，Hamasen）的音译，日据时期日本人在临近高雄港的此区填海造陆，设立两条通往商港、渔港和鱼市的滨海铁路，这一带曾是高雄的工商业、金融及渔业重镇。在高雄市政府、高雄火车站于20世纪40年代迁移，且70年代远洋渔业的地位被前镇渔港取代后，哈玛星不再繁华。老高雄人习惯说的哈玛星，泛指今日的南鼓山地区。

被儿时生活的记忆召唤，开始到处捡拾遗留在眷村的窗框、旧沙发、老摩托车、旧玩具等。直到二十多岁，我还常跟朋友到老屋探秘，包括‘哈玛星’一带的老屋也在我们的探访范围之内。”黄颖娓娓说起青少年时期开始的捡拾旧物癖。

2014 年，而立之年的黄颖在太太及双方家人的支持下，在故乡筹划创业。在看屋过程中，鼓山一路的这座红砖洋楼击中了他的心。合美运输组一楼正面有台湾南部老屋常见的“亭仔脚”，红砖砌成的柱身非常厚实，上面装饰着水平的白色饰带，红白交错，营造出华丽的感觉；二楼正面涂着白漆，线条相对简洁，侧立面则同样是温暖的红砖墙。虽然翻修后的屋顶用了假瓦片，但仍与原本的屋顶样式保持相同。

“我对鼓山区本来就很有感情，也喜欢老屋，特别中意它方正的格局与宽敞

好市集的主厨兼经营者黄颖

哈玛星老街上，两层的红砖老洋房的合美运输组是这个街区迷人的亮点

的平面，适合餐饮空间，许多细节也令人惊艳，像二楼一角的花地砖，就很能凸显餐厅特色。”黄颖说起与老屋的缘分。

然而，这条街当时仍很萧条，而且是单向道，交通不便，位置离繁华的市区有一段距离，于是家人纷纷劝说不宜租下。黄颖的太太犹记得陪着先生来看屋时，心里其实“有点害怕，不敢进来”，因为屋内有木板隔间，显得阴暗，灰尘也多，而且二楼地板已经多处坍塌。黄颖自己也犹豫：“其实一开始并没有设定在老屋开店，我很清楚整修老房子会遇到很多问题，开销也会很大。”然而，他对这栋老屋仿佛一见钟情，最终还是决定承租。

用餐空间以符合餐饮需求又保有老屋原味为装修原则

整修规划

依附房子本身的调性，装潢越少越好

黄颖原本考虑把老屋直接买下，但协商后屋主只愿意租赁，于是谈定了 4 年租约（期满再续约 4 年）。黄颖的心情像是“短暂地拥有一个大型老物件”，也承诺屋主以“不破坏原本房屋结构与特色”为装修原则。他找来设计师朋友协助装修，希望装修后的老屋既符合餐饮空间需求又保有老屋原来的味道，只是没想到开工后问题不断出现，工期延长 4 个多月，预算也不断追加。

屋顶上的木头桁架，吊灯从上而降。贯穿一楼和二楼的格栅线条是唯一稍加设计的装饰

老屋原有的大面积开窗，花了一个多月，以传统技艺在旧木料上补强，让所有窗户焕然一新

首先，一楼和二楼间的木隔板很薄，已经摇摇欲坠，无法承载重量，不得不拆掉再用钢结构重新加强；其次，老屋没有现代水电等管线，一楼地面不曾铺设水泥，既不平整又多粉尘，必须先把地板拆掉，重新埋管，再铺上地板；再者，颇有特色的大面积开窗，因原本的木窗框多已腐朽损坏，上推式的窗户也因金属配件坏掉而卡住，黄颖只好请来专门修理老窗的师傅，花了一个多月，以传统技法在旧木料上补强，并找到同类型的卡榫构件加以替换，最终所有窗户都焕然一新，但其实每一扇都是在旧窗框基础上修缮的。

“后来觉得有点后悔，因为每扇窗都修到能平滑上推，这很费时又费钱，但餐厅实际运营后，根本难得开窗！”黄颖自嘲道。

所费不赀的工程项目还有很多：修建新的厕所；基于安全考虑，把原本的窄斜的桧木楼梯拆除，增设宽敞的楼梯；加强屋顶的木结构；由于开窗多、屋顶直晒，以致夏日暑气难耐，必须装设空调；同时考虑到若直接在屋顶装降温的洒水器，恐怕会伤害屋顶木结构，因此转而给每扇窗的玻璃加上隔热膜。大大小小的工程，

保留下来的二楼一角的花地砖成为餐厅的一大特色

加上设计费，共花了四百多万元。“同样大小的普通商用空间，顶多投入一百多万元。我的创业成本主要都花在打造空间里的基础设施上了。”黄颖说。

至于餐厅的装潢布置，对黄颖来说反而越少越好。他说：“这栋屋子本身的调性强烈，因此我跟设计师的共识是，不去添加风格，只是依附它。”老屋原本具备的敞亮通透，以及屋顶木结构的温润感，自然而然地成就了一家亲子餐厅理想的放松氛围，又不失品位和质感。

店内所有的家具都是出于使用需求设置的，像是作为出菜和服务站之用的吧台，还有贯穿一楼和二楼的格栅线条，这些格栅线条也可以作为二楼边缘的扶手栏杆，算是唯一稍加设计的装饰。

推开玻璃大门，迎面是一张大木桌，上有鲜花和蔬果装点，还摆着中外料理书籍、进口食材、餐厅自制的酱料等

就算黄颖家中有许多多年以来收集的各式老物件，他也绝不会随便拿出来摆放在店里。目前，店里只摆放了他最爱的伟士牌摩托车，以及用来放菜单的老杂货店的木头烟柜。他说：“房子已经很老了，我宁愿让空间留白，如果再刻意摆满老物件，会很像文物馆。”

运营

用美好的食物与空间体验抚慰人心

推开好市集的玻璃大门，迎面是一张大木桌，用鲜花和蔬果装点，上面摆满了中外料理书籍、进口食材、餐厅自制的酱料等；抬头一望，一楼和二楼间的地板被打开，一眼能望见屋顶的木头桁架；放眼四周，除了有座高大吧台作为餐厅枢纽，传递着食物与香气，其余就是用餐空间，没有多余的摆设与装饰，只有从三侧开窗自然洒入的光影，在蛇纹玉石的绿色餐桌上舞动。

自2014年5月运营至今，好市集靠着老客人的爱护与口碑相传，已站稳脚跟。黄颖向来喜欢料理、喜欢人群，有了自己的基地后，更能放手实践对餐饮的热血理想。身兼主厨与经营者的他，期待自己的餐厅成为一个让“生产者、料理人、消费者”三方通过饮食互相学习、交流的平台。他刻意用当地的时令食材入菜，希望带动消费者了解与认同食农文化。南欧料理本就是风格混搭，讲求原味的烹调方式，店内菜单虽然固定，但会按时令变化元素，保证吃得到

讲求原味烹调方式的南欧料理

黄颖喜欢走逛小农市集，向当地农友请教

“旬味”。此外，他还和志同道合的高雄餐饮业者共同创办推广食农文化的刊物，也不时结伴拜访产地。例如，黄颖曾去屏东县新园乡拜访最后一户芦笋农，才知道过去新园因日照充足、沙地排水良好、农民勤奋，曾经是芦笋外销大本营，后来因工业区设置改变环境，芦笋产业衰败。看到赶在清晨太阳未露脸时采摘下的鲜嫩多汁、口感细腻的芦笋，黄颖趁着清明到夏至的美味高峰季节，将其设计入菜。

好市集拥有舒适怡然的空间，也吸引了一些品牌企业主动洽谈合作，曾有服饰品牌业者委托其举办 VIP 餐会，餐厅团队除了提供美好的料理外，还特别请花艺老师将二楼装点成温室与谷仓的温馨意象。此外，黄颖也不定时利用二楼宽敞的空间举办食农讲座或活动，像高雄甲仙区的有机甘蔗农友就曾来店内示范制作黑糖。很多构想都在黄颖的脑海里跳动着，让料理随着老屋散发感动的余韵。

黄颖谦称，随着年纪渐长、视野渐宽，才有一些对社会公益的思考：“做对的事，对生态环境也好。台湾地区的餐饮业应该走向专业化，而不是打价格战。只要秉持专业，自然会有客户。”老屋开店是缘分，他从不刻意贩卖老屋情怀，因为这一切原本就是情感所向，也是美好空间体验的应然。“但是如果再开店，我不会再选老屋，负担太大了。不过当初如果租了别处，说不定就没有这么多好运道了。”他忍不住又补充一句。

（文／陈歆怡　摄影／陈伯义）

好市集手作料理

老屋创生帖

推广“食农文化”，
引入当地节气食材的南欧料理，
创造美好的空间感受与消费体验。

黄颖

老屋再利用建议

1. 以老屋作为餐饮空间，要有整修工期延长与预算不断增加的心理准备。
2. 在空间布置上，尽量不去添加风格，只是依附它。若刻意摆放老物件，会很像文物馆。
3. 老屋开店是缘分，不刻意贩卖老屋情怀，而是要以主题呈现。

老屋档案

平面配置

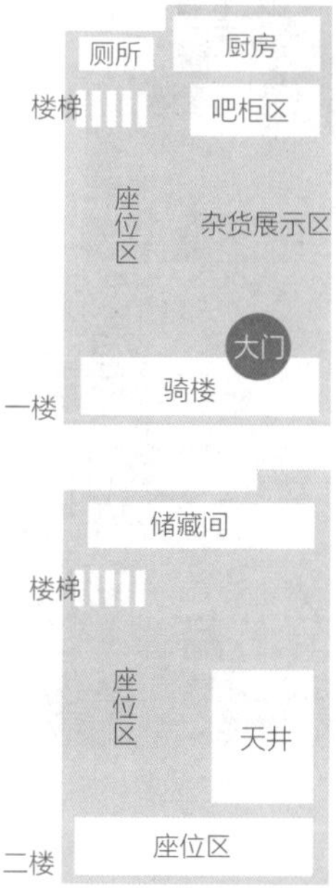

开放时间 / 周三至周一11：00—14：30，18：00—22：00（周二公休）
古迹认证 / 无
起建年份 / 20世纪20年代
原始用途 / 贸易商行
建筑面积 / 一、二楼合计约264m²
改造营业日期 / 2014年5月
建筑所有权 / 私人
经营模式 / 租赁
修缮费用（新台币）/ 400多万元
收入来源 / 餐饮99%、杂货1%

有人走动，有人在使用，
老房子就有生命力，
并继续承载着这一代的历史，往下一代走去。

——**王华民**（现任经营者）

建造时间 日据时期

眷村老屋
与棕榈糖的甜蜜效应
日食糖224

屏东市胜利新村是台湾地区少见的保留得相当完整的眷村聚落，建于日据时期，二战后曾为国民党军官住所。2018 年，屏东县政府将此区规划为胜利星村创意生活园区，公开招募业者进驻，希望借由各类型的民间运营力量，激发当地的发展潜力。日食糖 224 可以说是早些年就进驻此区的“学长”，以非典型的餐饮经营模式探索出一条属于自己的路，整合多方资源，广泛联结人们与老屋，播下“老屋是大家的”这样一颗种子，让老房子在这个时代得到一番新的诠释。

缘起

老眷村“星”风貌，再现历史价值

日食糖 224 所在之处是现今位于屏东市中山路与胜利路一带的建筑聚落（原名为胜利新村）。这处眷村聚落被认证为屏东县历史建筑，由屏东县政府主导修复，公开招商，以延续老屋价值为原则，将胜利新村转化为胜利星村。

早在 2014 年底，日食糖 224 就已进驻胜利星村，当时的老板王华民带着推广東埔寨有机棕榈糖的理念，以及在台北小食糖 Sugar Bistro 的创业经验，来到屏东开了小食糖品牌的第二家店。他一路看着胜利星村成长，对于眷村老屋再利用的话题，他的想法是要让老屋与人们产生联结、互动，并且融入当代的生活方式，因此，在打造日食糖 224 时，王华民计划要做一家“不只是餐厅的餐厅”。

运营

不只是餐厅，多元活动让人们走进老屋

日食糖 224 的运营空间横跨两栋宿舍，占地 1000 多平方米，门牌 22、24 号就是店名 224 的由来。两栋宿舍格局类似，各有一栋主屋及侧屋，主屋是日据时期保留下来的建筑，为编竹夹泥墙构造，是过去国民党军官及家眷的住所；侧

日食糖老板王华民希望借由餐饮及各种活动的举办，让当代人与老屋产生新的联结，同时也推广有机棕榈糖的食用与应用

一高一矮两道相连的围墙分别代表日据时期及二战后的时代印记

前栋侧屋可用作驻村艺术家进行创作、展览之处

半户外空间可以是用餐区，也能改造为艺术、文化展演现场。不论运营方式或空间布置，日食糖 224 都未采取典型餐厅的做法，而是采用了多元复合的开放模式

屋则是二战后才加盖的水泥建筑，供军官的随从居住。日食糖 224 进驻后，除了带入餐饮运营，也加入了艺术和文化元素，前栋主屋一部分转化为工作坊，不定期举办各种手作、饮食或与屏东少数民族相关的活动，同时也欢迎艺术家驻村。因此，前栋主屋的另一部分便是艺术家的住所，侧屋则是艺术家驻村期间的工作室或展演间。目前，日食糖 224 已接待过来自比利时、印度等国家的艺术家，他们都为这里留下了不少具有欣赏价值的作品。

穿越后方廊道可来到后栋宽敞的半户外空间，透明帷幕下是户外用餐区，也是艺术、文化展示区，一旦需要举办庭院式的包场活动还可灵活使用。后栋主屋则是室内用餐区，保留了一点昔日的格局，但又融合了当代的布置风格；一旁侧屋则作为办公、仓储使用。另外，两栋宿舍前都种植了大片的草皮，院子里也栽种了许多花草树木，这片户外空间一直以来是举办市集、古树知识讲座，甚至流浪动物认养活动的地点。

化为一家餐厅，为什么要做这么多与餐饮不相干的事呢？王华民希望老房子可以在当代人心中产生新的意义。因此，他邀请艺术家驻村，希望借由当代观点为老屋留下只言片语；他规划各种工作坊，让人们除了用餐，还有其他理由愿意走进这里；他举办市集、讲座、流浪动物认养活动等，期盼原来与老屋没有情感互动的年轻一代，自此与老屋产生新的联结。所有人都能看出王华民所追求的不只是“在老屋开餐厅”这么简单，拓展老屋的价值和精神才是他的最终目标。

宿舍周围种有许多老树，日食糖以不影响老树生长的方式进行整修和改造

在眷村老屋推广有机棕榈糖

除了老屋，还有一项也是王华民想积极推广的，那就是品牌源头——有机棕榈糖。在大学毕业后的一次自助旅行中，王华民在柬埔寨感受到了当地居民的善良与纯朴，立下帮助当地人脱贫、建校的志愿，这便是他推广柬埔寨有机棕榈糖的初衷。棕榈糖是柬埔寨糖农采收棕糖树花蜜后，经过熬煮、日晒等过程所形成的金棕色砂糖，是柬埔寨的主要食用糖的来源。王华民以契约耕作的方式，改良了棕榈糖的制作过程，并取得有机认证，然后将其贩卖至各地，借以改善柬埔寨人民的生活，同时借由台北小食糖及屏东日食糖 224 两家店，展示棕榈糖在各种美食中的应用方法。

在日食糖 224，奶茶、拿铁咖啡、蛋糕、松饼等都采用具有天然代糖特性的棕榈糖调味。特殊的香气及微酸口感富有东南亚气息，让人印象深刻。在这里，除了品糖之外，顾客也可以买糖，店员还会教授使用的方法，让顾客宛如置身一个小型的棕榈糖教室。

各方跨界能量进驻，对未来保持乐观

要经营一家非典型的餐厅并不简单，想要在老屋空间内实现理想更加不易。老屋本身就像是一个需要时时照顾的老人，虫害、维修、保养等样样都必须花时间、精力处理，而对于早已被认证为历史建筑的建筑物，各种装修都得先提出方案，审

日食糖224除了有美味的甜点，也提供意大利面等简餐

查通过后才能进行。王华民坦言，与政府打交道固然有一些需要磨合、沟通的地方，但相对在租金上能获得比市价优惠的价格。以 2018 年屏东县政府针对胜利星村运营征选新进驻的店铺来说，平均每栋的月租金仅一两万元，若多找几个人一起开工作室，分摊成本，对刚起步的创业者来说，这样的租金尚可负担得起。

提及将来，王华民乐观地看待胜利星村的未来，尤其在 2018 年后县政府投入更多预算整修老宿舍，同时也招来一批运营项目多元的业者进驻，像是背包客栈、主题书店、花艺设计、农创选物、眷村私厨等，各方跨界的能量令人期待。至于与餐饮不相干的展览、讲座、工作坊，王华民坚定地表示还会继续做下去。他提到，日食糖 224 庭院里有一棵日据时期留下来的老橄榄树，每年 11 月结果，他们会将采收下来的橄榄酿造成醋，分送给左邻右舍，年复一年，已然成为传统，

各种饮品在加入棕榈糖后更显清爽

以棕榈糖调味的松饼，伴着水果、冰淇淋，让人食指大动

无形中也给邻里留下一种印象：这栋老屋不只是老屋，而是有着自己生活印记的空间。王华民说：“有人走动，有在使用，老房子就有生命力，并继续承载着这一代的历史，往下一代走去。”这样的想法很实际，也很美。

（文／高嘉聆　摄影／林韦言）

日食糖224

老屋创生帖

借由餐饮及各种活动的举办，
让当代人与老屋产生新的联结，
同时也推广有机棕榈糖的食用与应用。

王华民

老屋再利用建议

1. 老屋像是一个需要时时照顾的老人，虫害、维修、保养等都必须花时间、精力处理。
2. 被认证为历史建筑的建筑物，各种装修都得先提出方案，审查通过后才能进行。
3. 租用政府老屋在租金上能获得比市价优惠的价格，但须懂得与政府工作人员磨合与沟通的技巧。

老屋档案

平面配置

开放时间 / 周一至周日10：30—19：30
古迹认证 / 历史建筑
起建年份 / 日据时期
原始用途 / 军眷宿舍
建筑面积 / 两栋含庭院约990平方米
改造营业日期 / 2014年底
建筑所有权 / 屏东县政府
经营模式 / 经公开招标程序，取得租赁资格
修缮费用（新台币）/ 约300万元
收入来源 / 餐饮80%、活动及讲座20%

艺术空间

B. B. ART 185

与老房子融合的当代艺术空间

想要装满过往的痕迹，
也想充满自己的想法，
这是打造 B.B.ART的初衷。

—— 杜昭贤（B.B.ART艺术总监）

与老房子融合的当代艺术空间

B. B. ART

建造时间
20世纪30年代

B. B. ART 的前身是台南第二家专营外国化妆品和生活用品的百货商店，2012 年在人称“杜姐”的台南女儿杜昭贤的改造下，成为一楼和三楼为画廊、二楼为咖啡馆的多功能使用空间。她期待让当代艺术走近大众，通过艺术来改造我们生活的环境。

缘起

20 年前启动府城老房子再利用

近几年，台湾地区兴起老房子再利用风潮前，老家在台南民权路的杜昭贤早在 1992 年就曾将日据时期的银行建筑改造成为新生态建筑——一个 1300 多平方米的艺术空间，一度成为台南艺术重地，然而当时当代艺术在台北发展已属前卫，经营甚是不易，更何况是在台南这座古城。数年后，因梦想无法继续，她远走美国，直至 2007 年回到台南再续艺术梦想，在友爱街小巷改造老屋开设了加力画廊（InArt Space）。有了加力画廊的运营经验，五年后，杜昭贤在经营 B. B. ART 时更加得心应手。B. B. ART 整栋建筑于 20 世纪 30 年代起建，原本是美利坚华洋百货，三楼外立面最高处还可见一个“美”字。建筑形式一如许多台南老屋，前方做店面，后面为住家，中间围绕着天井，居住者若要出门，不能

杜昭贤常年致力于推动当代艺术，曾经以艺术造街成功改造因地下街开挖失败而荒废多年的台南海安路

走前门，得走后门，也因此设有多座楼梯满足进出需求。

B.B.ART 原本是美利坚华洋百货，三楼立面最高处还可见到一个“美”字

这栋老屋由与杜昭贤同样喜欢老屋的好友、从事科技产业的董娘买下，杜昭贤首度到访这里时就非常喜欢，她说：“看到光线照进来，地板好漂亮，房子和光的对话感动了我。”但已在运营一家画廊的她，不打算再担负新的老屋任务，并提醒朋友慎选租户。在此之前，这里曾入驻证券公司、旅行社、家饰店，形式相当多元。而当听到有人想租下这栋老屋去开茶楼的消息后，杜昭贤当晚便梦见自己在这里走来走去，于是翌日醒了之后便立刻打电话告诉朋友：“交给我吧！”一直挂念着的心终于笃定，杜昭贤相信，老房子会选择自己的主人。

整修规划

结构务必交给专业人士，美感留给自己创造

非建筑专业出身的杜昭贤，对老屋的整修亲力亲为，她很清楚自己想要什么样的空间及功能，因此没有委托设计师来主导。排水、防火、防白蚁都是整修中重要的基础工程，她认为不能忽视。“老房子一定要先找结构专家评估，特别是开放的公共空间，得先做结构安全评估和强化。电线旧了，要改走外露方式，方便日后维护，二楼要设钢构补强支撑力。”结构安全一定要由专业人士来保证，质感和美感则自己来，这是杜昭贤的一贯理念。

为了解决屋顶漏水的问题，她并没有因陋就简覆盖铁皮了事，而是坚持着外界看不到的细节，“师傅先把瓦片拿下来，加盖砖层以防水，之后再把瓦片放回去”，B. B. ART 隐藏着杜昭贤和师傅的费心工法。而为了让中庭天井能有自然天光，让人们能够感受到风雨阴晴，杜昭贤舍弃了让空间变大的加盖采光罩，这样她就得接受非密闭空间内夏日室内空调制冷不好的可能，且更需考虑设置良好的排水系统。“要有舍才有得”，杜昭贤说，老屋使用者得做好需要与现实间的取舍。

杜昭贤也不怕麻烦，自己找了修过老房子的施工团队，他们更能理解她想要的感觉。一楼原本的墙壁表面有点剥落，她想让砖的颜色露出来而且要求不能上漆，施工团队便尝试用水和万能胶混合，让砖不会掉屑，同时还能显现纹理；二楼一段窗户平台坏了，她没有全部拆掉换新，而是尽量用修补的方式来处理；窗户原本被上过厚厚的油漆，杜昭贤坚持磨掉，油漆工觉得麻烦，试图说服她以油漆上色就好，但她还是不同意，最终，费工磨掉后所呈现的历经时光的原木之美，让许多到访者惊叹；一楼原本有着极美的磨石子楼梯，早年被涂上了厚厚的油漆，她也特别要求师傅清除油漆，恢复磨石子的原貌。就算采用减法的做法很耗时，她也坚持再坚持，整修工程前后花了 9 个月才完成。

一楼楼梯的油漆被清掉之后，重现磨石子之美

尽量保留现状，展现手感温度

“我觉得以前的人盖房子很有机，会以生活和需求为考虑。”长年与老房子互动的杜昭贤深觉这一

结构是老房子再利用最重要的部分，此处为经专业人士重新设计的二楼钢构补强支撑结构

点非常有趣，她也因此找出前人生活的痕迹、与历史的对话，再放进现在的空间里。想要装满过往的痕迹，也想充满自己的想法，这是杜昭贤打造 B. B. ART 的初衷。曾有位知名建筑师到此参观，给了“空间非常有手感”的评语，贴切地道出杜昭贤的改造想法。她说：“地板上有裂缝，无须装潢成一样的色彩，不同的痕迹其实是用时间、历史换来的记录，花钱也做不到，保留下来的天然纹理，多像画在地板上的赵无极的山水画。” 杜昭贤想在二楼做个吧台，把水槽管线、料理台等专业设计交给专业人士画出草图后，就让员工用马口铁和钉子自己动手完成；三楼墙面也未多加修整，保留原本的质感反而让参展的艺术家大为赞赏。

老屋作为画廊使用，还得考虑货车进出卸货，毕竟不少当代艺术作品规格庞大而且沉重，不能靠人工搬运，因此杜昭贤画好草图，跟铁艺师傅沟通后，将橱窗设计成可直接拉开的形式，就像拉门一样可供货车开入，老屋结构安全无虞，改造顺利完成。她说，老屋改造，要尽量维持屋况形式，不去变动结构，选择自己要使用的空间来改造就好。

运营

空间不设限的当代艺术平台

多年来，这栋老屋被广告招牌包裹而不见建筑之美，直到 B. B. ART 释放了它被掩盖的美丽，才让人惊艳于其利落大方的建筑立面，而红门里的当代艺术作品则为老屋带来新意。杜昭贤说：“懂得欣赏老建筑的肌理生命，让当代艺术相互结合与对话。”很多艺术家都十分喜欢这种氛围，B. B. ART 成功地让老屋画廊展现出独特的风貌。经营画廊是杜昭贤的兴趣，但这是一门相当特殊的专业。位于大马路旁的 B. B. ART 常有路人迟疑几分才走入参观，杜昭贤带笑描述某位返乡的商人到再发号买肉粽，看到对面引人注意的大红门而走进来，竟然就出手收藏了艺术家梁任宏的雕塑作品。收藏家的夫人笑说：“没想到买个粽子竟然花了一百多万元。”开放的空间，让民众可以放心进来，艺术家的新作也能在此自

在地呈现，不仅增加了欣赏艺术的人的数量，还引来了更多的藏家。

二楼咖啡厅除了提供轻食饮料，还提供咖啡来搭配对面老店的肉粽，让顾客感受到台南街坊的轻松，更是画廊和传统饮食的跨界。“当代艺术有很多可能性，空间也该是弹性的”，杜昭贤指出，二楼随时可因应视觉艺术、演出、座谈等进行调整，演出者可恣意率性地跳上吧台，挑战空间；一楼后方则可作为表演场地，也能活用为作品展示台，甚至剧场，不论当代还是传统，B. B. ART 都是艺术家的展示平台。

运营专业画廊，景气自行调度

“老房子活化最终面对的是要经营，要能够很好地存活，这是很重要的。”

←为了运输便利，正门特别设计了可让货车进入的玻璃门。红门里的当代艺术作品为老屋带来了新意

←二楼窗户呈现出历经时光的原木之美

←二楼咖啡区的旧家具是杜昭贤从当地老医师那里购买的

杜昭贤说，观众若只来观赏建筑而忽略欣赏艺术品是不行的，毕竟画廊得靠艺术品维生，艺术品是画廊运营最重要的项目。她说："我从事画廊这一行很久，知道何时是冬天，何时是夏天，会因应处理，画廊运营是专业的，藏家也不是一般人，得靠经验来调整，目前运营算是平顺。"

人力是运营成本最高的一部分，负责 B. B. ART 画廊与餐饮服务的大概有 5 名全职员工，此外，杜昭贤则借由自己另外经营的画廊和策展公司来做人力调度支持，增强运营弹性，实习生除了到此学习，也可作为短暂支持来协助画廊运营。

为了让 B. B. ART 处处有艺术，展间艺术作品如有卖出或有新品抵达，空间布置就得重新调整，时减时加。杜昭贤希望艺术可以走出画廊，进而走入城市改造环境，这不仅是她的使命，也是艺术工作最有意义的地方。

（文／叶益青　摄影／范文芳）

B.B.ART

老屋创生帖

懂得欣赏老建筑的肌理生命，
让当代艺术相互结合与对话。

杜昭贤

老屋再利用建议

1. 排水、防火、防白蚁都是老房子整修中重要的基础工程，不能忽视。特别是有开放的公共空间，一定要找结构专家，先做好结构安全评估和强化。
2. 老屋使用者得做好需求与现实间的取舍。
3. 尽量维持老屋屋况，不去变动结构，选择自己使用的空间来改造就好。

老屋档案

平面配置

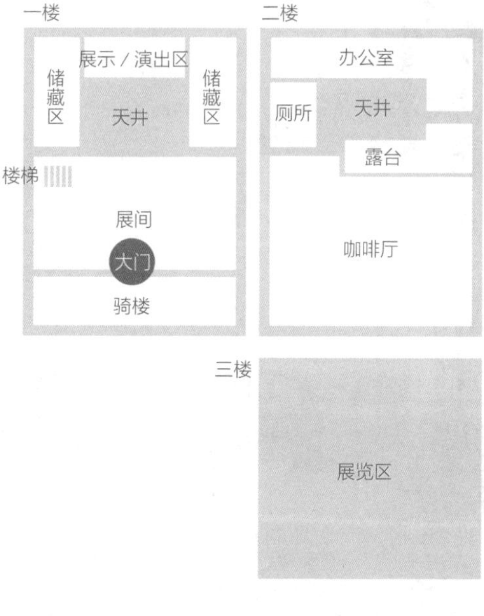

开放时间／周二至周六11：30—18：00，周日采取预约制（周一公休）
古迹认证／无
起建年份／20世纪30年代
原始用途／百货商店
建筑面积／三层楼建筑，每层约198～231m^2，除去中庭区域，全部建筑面积近660m^2
改造营业日期／2012年6月
建筑所有权／私人
经营模式／租赁
修缮费用（新台币）／300万～400万元
收入来源／艺术品销售80%、餐饮及艺文活动20%

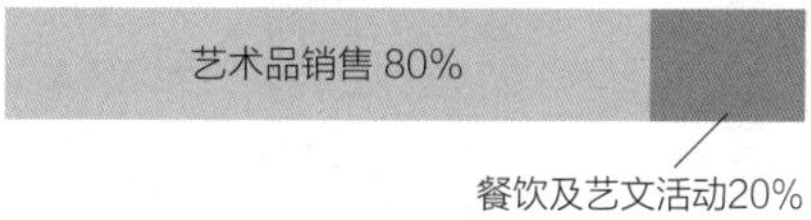

蘭室
蘭室茶坊
爻刻
ENGRAVE

创意复合空间

大稻埕象征着20世纪20年代的台北的现代精神，
可以说是所有台湾人的心灵原乡，
这正是它独一无二与伟大的理由。

——世代文化创业群

建造时间
1931年起

街区振兴，
在大稻埕里卖大艺

艺埕街屋群

1930 年，台北大稻埕出生的画家郭雪湖创作出胶彩画《南街殷赈》，呈现了大稻埕全盛时期的景象：狭窄的街道上人群熙来攘往，两侧仿巴洛克式的洋楼，挂着五彩缤纷的店招，有南北货特产店、药材店等，也有写着英文的舶来品店，霞海城隍庙正举办着中元祭典，热闹非常。

如今的迪化街，南北货铺、药材店依旧存在，城隍庙仍然香火鼎盛，而且还增添了新的活力——短短不到一千米的迪化街，每隔不远就会有一幢以诸如“小艺埕”“民艺埕”“众艺埕”等命名的街屋。屋内藏着多宝格般的各式小店，多是年轻人创业，有的卖工艺品、糕点、茶，有的经营书店、茶馆、艺廊、异国料理。过去，外地人只得见识街屋一楼店铺，如今可以穿越天井，爬上二楼，眺望对街立面，处处是老空间与新文创对话的惊喜。这样的丰富体验，是迪化街区新增的独特魅力，其幕后推手，正是世代文化创业群（以下简称世代群）。

小艺埕以百年洋楼屈臣氏大药房为基地。其特色为三层楼平梁式店屋建筑，立面墙采用仿巴洛克式风格

缘起

微型企业整合唤醒历史街区

世代群创立于2007年，其宗旨是“在具有历史文化或产业特色而待振兴的特色街区建立与原有街区建筑及产业有机结合的独特的聚落型商场”，通过艺术与文化的魅力，创造微型创业群聚共赢，以实现可持续经营。世代群说：“一开始就想好整套策略，希望解决过去‘小区总体营造’的困境。”

世代群认为，以往台湾各地的老街振兴，普遍存在过度观光、廉价消费、投机型消费等弊病，老街从南到北卖着一样的东西，人们走马观花，很难体验到街区文化内涵，因此老街再造计划往往很快失败。世代群认为，“历史街区发展，关键在于必须平衡文化与经济”。大约10年前，迪化街区也曾因传统产业衰退、城市发展的重心移转而趋于没落，街上的便利店并非24小时营业，入夜就跟着周遭传统店铺一起打烊。2011年，世代群以永乐市场对面的百年洋楼屈臣氏大药房为基地，以“小艺埕”之名，开始筹划聚集几家微型企业联合经营，此后，几乎一年一幢街屋，陆续打造了8个艺埕，形成充满了文艺青年感的聚落型商场。

世代群为迪化街区活化改造的幕后推手，至今世代群已建立8个艺埕，协助近40家微型企业创业

2012年，小艺埕正式开张，命名意指“在大稻埕卖小艺”，此后陆续开发的街屋项目，依据发展策略与建筑个性，皆以“艺埕”为名，

小艺埕聚集几家微型企业，有书店、咖啡馆、文创品商店、剧场等

世代群的文创街屋，都是净空骑楼

再冠上不同的形容词，招募的团队都经过筛选，以呼应大稻埕的五大传统产业——茶、布、农产、戏曲以及建筑。

跟屋主谈愿景，取得信任托付家宅

至今，世代群已建立 8 个艺埕，协助近 40 家微型企业创业。世代群不只跟创业团队博感情，也跟当地屋主谈愿景、寻共识。世代群说，初期最困难的是取得屋主信任同意把房子租给他们，因为大稻埕的许多长辈对房子感情深厚，并不在意租金收益多寡，更加在意承租人的品行。世代群的成员依稀记得，小艺埕的屋主为八十多岁的李妈妈，她初始迟迟不答应，却经常来办公室看望大家。“老人家就是想确认你是怎样的人，等对你有了信任，才愿意把祖传的老宅交给你。”

商业上的务实诚信，则是可持续经营的前提。世代群与屋主一旦签下租赁合同，便会一次给足一年份的十二张房租支票：“目前，街区公司共有十五六份租赁合同，每年就有 180 到 190 张支票，每张都要按时兑现，压力很大。”街区

世代群在大稻埕活化了多个街屋，根据发展策略与楼房个性命名，皆有“艺埕”二字

公司一边揽起空间运营，寻找适合的团队进驻，一边承担起风险。

世代群的成员很感谢几栋艺埕屋主的认同，愿意渐进调价而非急速上调租金，相较于其他承租单位，世代群取得的租金确实较低。大家也理解有些屋主喜欢趁势抬高租金，所以在寻找街屋的过程中，倘若经过评估觉得房租超过了负担能力，再喜欢也不会勉强租下。

向传统产业学习生意经

最初选择迪化街区作为实践基地，世代群铿锵论述：“大稻埕象征着 20 世纪 20 年代的台北的现代精神，可以说是所有台湾人的心灵原乡，这正是它独一无二与伟大的理由。”

世代群认为，发掘大稻埕蕴藏的丰富文化遗产，可以为当地的创业与创新找到更多动力。迪化街区的老街屋几乎都建于 20 世纪初至 20 年代，见证了大稻

民艺埕以民艺精神为主题，引入陶瓷艺品店，不只营造空间美感，也偶尔举办讲座介绍工艺文化

埕的扩张期和兴盛期；而这里从百年前就有无数企业生根、茁壮成长，今日的新创企业，仍可向传统产业学习生意经，这里是一处世代创业宝地。

迪化街能保留老街区风貌，得归功于 20 世纪 80 年代末，学者为反对市政府开辟 20m 都市计划道路而发起的迪化街保护运动，那次运动促成了市政府研拟“大稻埕历史风貌特定专用区”。自 1995 年起，私人屋主可以申请补助进行历史建筑的维护整修，街区内已有 70 多栋历史建筑获得修缮维护补助。

因为上个阶段的街区保护，世代群才有机会介入街区经济文化振兴。世代群的团队并非在从事街区保护，艺埕介入经营的街屋，都是屋主已经完成修缮或正在修缮中的，如小艺埕的前身屈臣氏大药房，在 1996 年遭大火焚毁，仅剩石材打造的立面外墙，经过屋主与市政府协商，2005 年才通过政府补助进行了重建。

“历史街区的保护与修缮，权责在政府部门。我们实际上也没有那么多钱来修缮老屋，而是进行空间规划与软件建构。”

民艺埕二楼的茶坊，在布置上模拟老屋原本空间的使用格局，摆设简单、质朴

运营

创造平台，扶持微型创业

世代群包含 4 个事业体——世代文化创业公司（创业育成及管理）、世代街区公司（大稻埕街区空间之营造及管理）、世代陶瓷公司（陶艺设计制造）及世代戏台公司（结合表演艺术的餐饮及商品服务）。其中创业育成是核心，不只筛选团队、陪伴创业、创造交流平台，还提供专业的财务与法务咨询，并提供云端进销存管理系统、行动支付（一款支付 App）等工具，帮助进驻小店健全财务管理，也能协助其申请创业贷款。

同时，街区公司作为整合者与管理者，在开放进驻前，重新规划了长条形街屋的出入口与立体空间的动线设计，以让各个进驻团队适得其所。在经营管理上，对进驻团队收取低于市场行情的租金，但另收取营业提成，即从各进驻团队的每月营收中收取百分之五的费用，但考虑到部分微型企业刚起步、利润低，创新能量却很高，街区公司特别提供优惠期，其间不收取营业提成。

世代群辖下已有小艺埕、民艺埕、众艺埕、青艺埕、学艺埕、联艺埕、合艺埕、同艺埕8个艺埕，总体员工200多人。对于这样的蓬勃成长，世代群的成员却认为“还未达标，有待努力”。他们的目标是以10年为限，达到“十年百业，千家万朋”，也就是10年创造出100家小型企业，平均每家企业有10名员工，能养活1000个家庭，服务超过万名顾客。

联艺埕为仿古新建筑，整并了三排三进的街屋，形成九宫格般的立体空间，饶有趣味

联艺埕内有咖啡馆、餐厅、公平贸易店，二楼为接待国际游客的会馆

↑ ↓ 合艺埕街屋曾是台湾地区纺织业的起家厝，如今一楼贩卖布品及糕饼，二楼为茶坊

期待未来以合股模式，共生共好

在世代群的经营下，大稻埕街区重获新生，吸引了很多海内外游客，也令这里的租金持续上涨。有人担忧，租金的提高会压缩特色产业和微型企业的生存空间。面对这个问题，世代群也在思考长远的解决办法。他们的理想是由街区公司邀请主要利益相关者投资入股，包括入驻的新创事业、屋主、当地企业家以及世代群本身，将街区公司变成街区合作企业，共同享有低风险、低利润的回报，创造共好。

2015 年，世代群团队与一群志同道合的朋友发起大稻埕国际艺术节，将 20 世纪 20 年代的元素转化为欢快的庆典，用多样的文艺展演走到街头巷尾，与大众互动，加上近年不少电影以大稻埕历史为主题，凡此种种，都让原本只是理念中的“20 世纪 20 年代的台北的现代精神”渐渐走入日常，甚至成为文化研究的新显学。

“大稻埕未来仍会不断改变，只要整合者制订出好的经营方针，属于大稻埕的风格与精神仍会延续。我们有一天也将离开，到时候，希望街区公司会由当地人才与资金持续经营下去！”

（文／陈歆怡　摄影／范文芳）

艺埕街屋群位置图

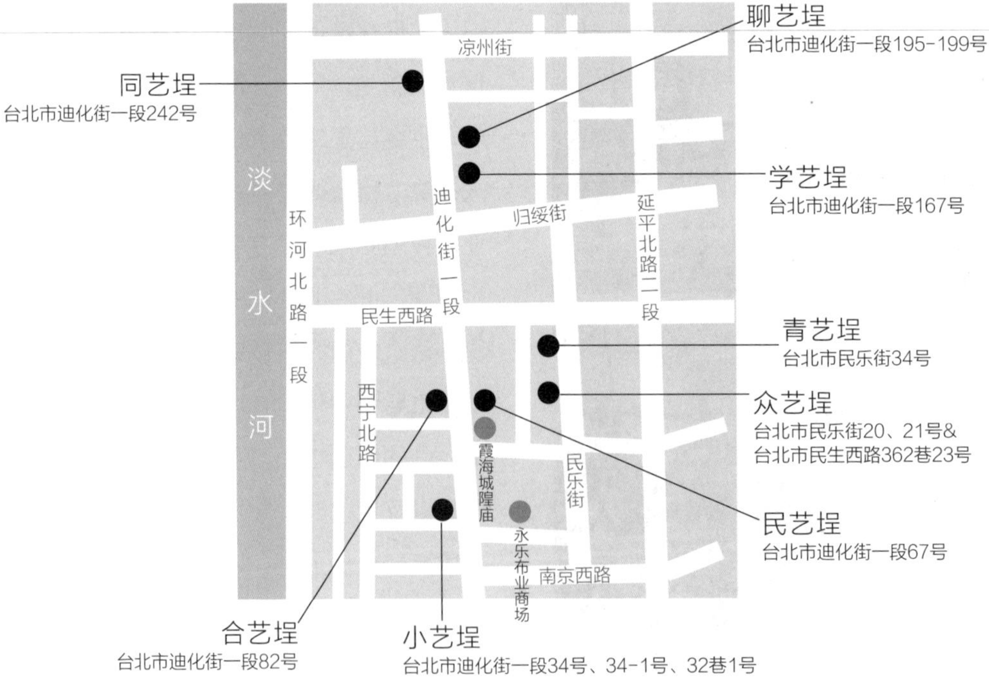

艺埕街屋群

老屋创生帖

发掘大稻埕丰富的20世纪20年代文化遗产，为当地的创业与创新找到更多动力。

世代文化创业群
历史街区振兴建议

1. 历史街区必须找到独一无二的文化内涵与定位，如世代群在大稻埕街区就致力于挖掘20世纪20年代的台北的现代精神与文化遗产。
2. 历史街区发展需要整合者，发挥想象力与执行力，整体规划空间并合理运用，也协助创业育成。
3. 如要可持续经营，可考虑邀请街区利益相关者投资入股，让街区公司转化成街区合作企业。

艺埕街屋群档案

古迹认证 / 小艺埕仿巴洛克立面墙列为市级古迹；民艺埕为历史建筑；合艺埕、青艺埕为历史性建筑
起建年份 / 1913年起
原始用途 / 店铺、住宅
改造营业日期 / 2010年起
建筑所有权 / 私人
经营模式 / 租赁
再利用后用途 / 书店、咖啡馆、茶馆、酒吧、餐厅、文创品商店、物产店、服饰店、剧场、办公室等

空间不同，做法也会不同；
只要能理解空间，
就会有创意的做法出现。

——李彦良（忠泰建筑文化艺术基金会执行长）

建造时间
1935年

复合型创意基地
与万华历史相遇

新富町文化市场

新富町文化市场整体建筑风格简洁，外墙以洗石子做出水平饰线

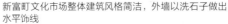

从空中鸟瞰新富町文化市场，可见其马蹄形的建筑外观与充斥着房舍的周边环境（图片提供/忠泰基金会）

新富町为台湾日据时期台北市下辖行政区之一，位于龙山寺东方，包含今万华区的广州街、康定路、和平西路等一带。新富町文化市场隐身在东三水街传统市场旁，是一栋有着 80 多年历史的马蹄形建筑，其前身为建于 1935 年的新富町食料品小卖市场（简称新富市场），有 30 多个摊位。然而随着城市发展，市场逐渐被摊商和房舍包围，最后被人们遗忘在都市的角落里。直到 2006 年，新富市场被指定为市级古迹，因发展长期停滞而保留下来的建筑原貌才得以重现。

为了让旧市场建筑能得到活化再利用，2014 年，台北市市场处公开招标，忠泰建设取得了新富市场九年的运营权，后将其交给忠泰建筑文化艺术基金会（简称忠泰基金会）经营，并列入基金会旗下的“都市果核计划”之一，期待将新富市场转型为一处复合型创意基地，让原来用于买卖、社交的生活空间变成新市场文化场所。

缘起

角色蜕变，民众生活的研究基地

由忠泰基金会推动的“都市果核计划”，希望整合城市闲置的旧有空间，使

忠泰基金会执行长李彦良（左）与主任洪宜玲（右）

其成为艺术创意领域从业者的培养皿。继 2010 年城中艺术街区和 2011 年中山创意基地 URS21 之后，于 2017 年正式运营的新富町文化市场成为计划的第三个重要项目。然而需要活化再利用的老屋众多，忠泰基金会为何选择没落老城中的新富市场？

忠泰基金会李彦良执行长谈到当初参与投标的缘起：“论空间，新富市场比我们之前做的项目小很多，但吸引我们的有三点：一是建筑具有古迹身份，之前的老旧街屋或烟酒公卖局废弃的配销处，都不是古迹，因此我们希望能创造出一种新的典范；二是经营期长达 9 年，我们有足够的时间来完成运营计划；三是市场所在地虽是没落的老城区，却拥有台北建城以来的文化底蕴，且与传统市场仅一步之遥，与周遭住户、邻里生活紧密相连。这些都是我们以前没有接触过的，对我们后续发展‘都市果核计划’的多样性有很大帮助，因此得知这个项目后，我们便来大胆尝试。”

整修规划

尊重古迹主体，空间改造考虑可恢复性

新富町文化市场是台湾日据时期公共市场中表现新式卫生标准与建筑式样的珍贵案例，整体建筑风格简洁，尤其是特殊的马蹄形造型更为罕见，中央的天井乃是为了满足市场内部通风与采光的需求而设置。因此在空间改造上，忠泰基金会希望能尊重古迹本体，在不破坏建筑的前提下，让老建筑再现新活力。

然而好事多磨，整个增建工程耗时一年半，历经了两个阶段。

第一套方案由年轻的日本建筑师长谷川豪设计。他利用建筑原有的 9 个圆形

以轻透的PC中空板为隔墙，让空间不会有压迫感

的通风口，以 8 ~ 10m 高矮不一的木柱从通风口往上延伸，为了不损坏地坪，地上铺着结实的橡胶软垫提供保护；其上再加横向钢梁与 9 根木柱结合，等于在屋顶上搭起一个大桌面，形成二楼平台，最后木柱上再以半透光的薄膜遮盖，犹如撑起一把大雨伞；白天阳光可以柔和地照进，夜间灯光点亮，整个房子就像个大灯笼。

“非常有创意，让人耳目一新。”李彦良说。可惜这个设计因2015年的台风“苏迪罗”搅局而被全盘推翻。当时，台北路上的树被台风吹得东倒西歪，基地现场满是被吹来的周边违章建筑上的物件。忠泰基金会考虑到薄膜有被划破穿刺的风险，或者柱子可能被强风拔起而伤到古迹本身，不得不放弃这一方案，虽然施工已经展开。“我们给自己的挑战是 9 年后将建筑物完璧归赵，所以基于安全考虑，只好更换成第二套方案。”李彦良无奈地表示。

马蹄形建筑内的中央天井，满足市场内部通风与采光的需求

位于基地一角的制冰室仍在以传统方式制冰，可见当年新富市场的缩影

第二套方案由旅德建筑师林友寒设计，有别于在旧建筑上方加盖展演空间的第一套方案，其概念是在建筑里规划夹层，在空地上增建半月形建筑。

建筑师利用质轻的花旗松木夹板与 PC 中空板在室内两侧搭建出半透明的墙体。墙体厚度达 1.2m，与原有市场摊台深度相当，不仅再现了市场空间的原型，同时也具有收纳、引导、照明及展示的功能。更棒的是，这一方案还借助墙体延伸出两个夹层空间，增加了楼板面积，使原有的空间结构产生了新的使用对话，创造出更多展览、活动、办公与参观的空间。

李彦良进一步解释，因为经过第一套方案的折腾，经费和 9 年运营期都被占用了不少，因此得找出可以快速完工的权宜之法。“利用轻木构搭建的墙体，因结构完整且重量极轻，不必碰到原有古迹的结构体即可成立；加之 PC 中空板具有轻、透的特性，让进入空间的人不会产生压迫感，这也证明了不用昂贵的材料也能做出好设计。”

配合市场建筑外观另外增建的半月形清水混凝土建筑，一楼是公厕，二楼规划为办公室

在位于南侧的空地上，以清水混凝土增建半月形的建筑，与马蹄形的主建筑相互呼应。一楼设置无障碍厕所、哺乳室；二楼规划为办公室。整体建造包含家具采购等费用，花费近 5000 万元，其中半月形清水混凝土建筑的造价就高达 900 万元。之所以投入重金打造，就是希望新落成的清水模建筑未来能与古迹共存，成为台北西区的新文化展示空间。

运营

运营大智库，从传统市场取材

2017 年 3 月，新富町文化市场全新开放，但其实早在 2015 年 5 月，忠泰基金会就迫不及待地先帮市场庆祝了 80 岁生日。李彦良笑说：“那是因为我们的运营期到 2024 年，90 岁生日庆祝不到啊！”通过“新富八十好岁食——老市场的记忆与新生”系列展演活动，基金会一方面吸引民众走进古迹，认识这个历史场域，另一方面则借此回顾市场历史，更重要的是可以让民众明白建筑未来的使用规划。

旧的市场管理员宿舍现由合兴88亭承租、经营

为把握住有限的运营期，展览结束后，忠泰基金会随即展开一年半的增建工程，整修期间团队也同步进驻基地，与相邻的东三水街市场自治会交流意见，进行老摊商口述历史访谈，一步步与地方形成良好互动，获得摊商信任。这些前期的作业，点点滴滴皆成为后来运营上的绝佳养分。“我们期待新富町文化市场从原本的买卖空间转换为饮食教育场所，也希望场馆成为联结当地与外部社群的沟通平台。”李彦良说。

因此，这个空间里规划了餐桌学堂、新富半楼仔、巷仔内教室、市场史脉络常设展、复合式餐饮空间、办公室等。其中，餐桌学堂和巷仔内教室两个学习空间是以邻近的东三水街及新富市场为大智库量身设计的，希望通过主题式的系列课程编排，让市场摊商现身说法，如讲授菜摊节气食材的挑选、肉贩们的禽肉解剖术，把这里当成共享知识的平台。这里也是居民联谊的小区厨房，居民们一起分享生活经验，让传统市场的日常可以在此延续。

旧的市场摊台现已成为陈列装饰的平台

半楼仔夹层空间可作为多功能活动空间使用

除此之外，基金会还引进都市、建筑、艺术、设计、文化等多元能量，不定期举办“手路学”“良食学”“风土学”“城市学”等活动，并与舞蹈、戏剧跨界合作，另设置五间“小间工作室”，以一年为期供个人或团队承租进驻，让空间利用充满无限可能。负责运营的洪宜玲主任强调：“老市场里的新空间是一扇门，我们欢迎对传统市场、老城艋舺有研究兴趣，甚至有在当地耕耘热情的个人或团体加入，共同学习生活、交换知识，然后找到对都市再生的感动与启示。”

还要附带一提的是，新富町文化市场共规划有两处餐饮区。紧邻着通往东三水街市场出口的是明日咖啡（新富店），一道带有火烧痕迹的大木门，搭配复古蒸笼吊灯，是新旧空间交流的场所。洪宜玲说：“许多早上来传统市场买菜的阿姨、阿婆会提着菜篮进来逛一圈，然后坐下来吃个早餐，这俨然成为一景。”位于基地东北角的独栋木造日式建筑，早期是作为市场管理员的办公及宿舍空间，现由合兴 88 亭承租。忠泰基金会认同合兴第三代创新的经营理念及提升传统饮食文化的精神，因此邀其进驻。

运营老屋，请先盘点手上资源

对忠泰基金会来说，以老屋为运营空间固然有其历史价值，但更重要的是其所呈现的核心内容。李彦良语重心长地提醒各个团队，要盘点好自己手上的资源，才能判断眼前的空间是否合乎需求，千万不要因为空间漂亮就贸然拿下：“空间不同，做法也会不同；只要能理解空间，有创意的做法就会出现。”谈到 2014 年的竞标，有的团队想做旗舰式咖啡厅，有的要做青年旅舍，有的想开文创产品店，但评审委员们认为新富市场建筑具有古迹认证，不单要活化，也要能充分利用空间，达到磁吸与外溢的双重效果，给万华带来改变。忠泰基金会提出的方案，让评委信任其能力，基金会才顺利取得运营经营权。

忠泰基金会属于非营利组织，新富町文化市场目前共有 7 位专职人员，李彦良说最终目标是希望能朝社会企业目标前进，达到损益平衡，但也不想给同人太大的压力。倘若获利，表示运营方式成功；若亏损，则经营模式不宜再复制使用，以此自我检视，让未来“都市果核计划”的推行可以更加成熟，做得更好。

（文／张尊祯　摄影／吴欣颖）

新富町文化市场

老屋创生帖

从原本的市场买卖空间转换为饮食教育场域，成为联结当地与外部社群的沟通平台。

李彦良

老屋再利用建议

1. 以老屋为运营空间固然有其历史价值，但更重要的是其所呈现的核心内容。
2. 每个人、每个团队，要盘点好自己的资源，才能判断眼前的空间是否合乎需求。
3. 建筑若具有古迹认证，空间改造时须注意尊重古迹本体。

老屋档案

平面配置

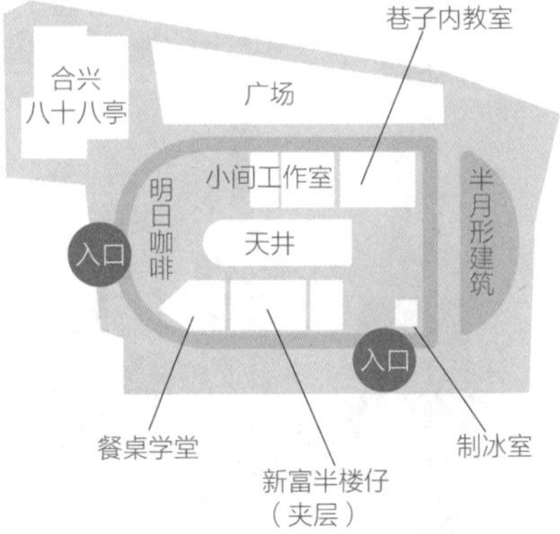

开放时间／周二至周日10：00—18：00（周一公休）

古迹认证／市级古迹

起建年份／1935年

原始用途／市场

建筑面积／场地1670m^2、建筑面积657m^2

改造营业日期／2017年3月

建筑所有权／台北市市场处

经营模式／经公开招标程序，取得租赁资格

修缮费用（新台币）／整修费用4500万～5000万元；每年修缮、保全、清洁费用400万～500万元

收入来源／餐饮空间租金61%、工作室租金21%、展览活动场租10%、课程活动及商品贩卖8%

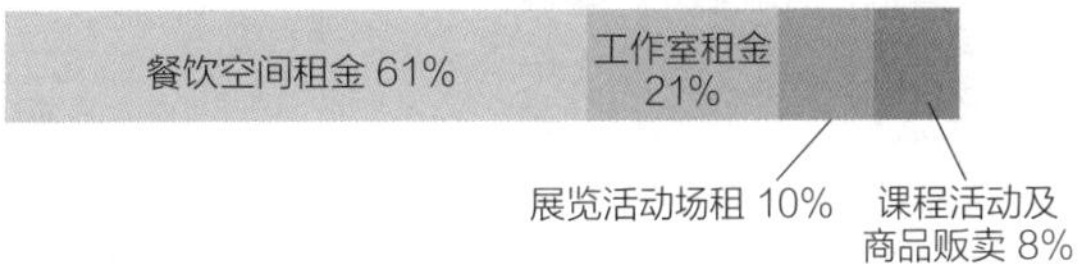

老屋代表了台湾地区某个年代的
一段重要的社会发展历程，
这是不能凭空创造出来的。

——林峻丞（现任经营者）

建造时间
1947年

来老屋共学，
串联三峡当地资源

合习聚落

三峡老街上的百年清水祖师爷庙、红砖拱廊、仿巴洛克式立面的牌楼建筑，是大家最熟悉、深刻的三峡印象，然而在老街旁却有一栋风格截然不同的老屋新生建筑，那就是三峡当地人都知道的爱邻医院，2018 年 2 月由三峡子弟、甘乐文创创办人林峻丞重新改造，成为工艺与良食（优质食品）实践的基地合习聚落。这是林峻丞继修复百年老厝作为返乡创业基地后，再次改造老屋的尝试。

合习聚落借闽南语“学习”发音而得名，在前后两栋、占地 600 多平方米的空间里，既有甘乐文创自有豆制品品牌“禾乃川”，也有结合弱势教育关怀、传承当地工艺双重理念的手艺人工作室和实习旅社，希望能建构一个小区支持系统，发展小区产业和培育青少年独特的职业技能。

缘起

改造老屋，凝缩台湾地区历史人文

再次改造老屋，是因为林峻丞特别钟爱老屋独有的历史痕迹和故事。“老屋代表了台湾地区某个年代的一段重要的社会发展历程，这是不能凭空创造出来的。”林峻丞说。

合习聚落的前身爱邻医院，是由曾赴日留学、在北京习医，而后任职于台大医院的外科医生陈重明于 1947 年返乡筹设的。当年，三峡和莺歌都是采煤重镇，许多因灾受伤的采矿工人常死于就医途中，直到爱邻医院的创办，无数因矿难受伤的工人才能获得及时的诊治。后来，爱邻医院更因拥有最新医疗设备技术为当年的国民党将领汤恩伯动手术而声名大噪。

因此说起爱邻医院，老一辈的三峡人都知道。

返乡多年的林峻丞，通过朋友牵线，与这栋老屋结缘。当时，承租爱邻医院

甘乐文创合习聚落的建筑外观，建筑前身为爱邻医院

甘乐文创及合习聚落的创办人林峻丞

的爱养赡养中心准备迁往莺歌，屋主有意找寻新租客，林峻丞好奇地前来一探究竟。不料屋主开出的租金再加上运营费用，每月金额高达 17 万元，林峻丞根本负荷不了，只好打消承租的念头。直到半年后，他再次想起这栋老屋，又骑着摩托车去看。车才停好，就巧遇屋主，而这回双方对租金有了共识，最后，林峻丞以每月 6.5 万元签订了 10 年租约，再一次开始了老屋改造。

整修规划

70 年老屋，边修边找问题

合习聚落正式开张后，洗石子工艺墙面和宽敞明亮的空间成为游客到访三峡

聚落内的禾乃川豆制所，仍保留着昔日医院为了挂上布帘隔开病床所设计的白色铁杆

最爱拍照的热门“打卡地”。若不特别说明，谁也猜不出这里的前身是一家赡养中心。

这种全新的呈现，是林峻丞耗费一年多的成果。接手这栋历史已有 70 多年的建筑，首先得面对老屋常见的问题：漏水、壁癌，还有经过历代房客使用后多出的许多增建结构。改造的第一步就是拆掉上任承租房客爱邻赡养中心为了实现看护功能而增加的设施。此外，老屋原有的管线已不敷使用，所以管线都得重新装设，卫生间也要改造。整建初时，林峻丞为了精准地对症下药，时常得在不同时段来到屋子，感受日照、温度等细节。

修复老屋不比兴建新屋那样一切都能事前规划，修复中的问题总是突如其来。例如，有一回台风侵袭，大雨滂沱，积水一下灌进了后方刚装修好的房间。这时林峻丞才发现，屋子地势较低，雨势稍大，水流就会灌入屋内。眼见新铺设的木栈地板漂在水中，林峻丞只好忍痛将其打掉，重新灌浆铺设地面。

除了老屋整修的复杂性，林峻丞还得面临产权问题。他解释，合习聚落所在的位置，前方是三峡区政府，一旁是派出所，根据政府规划为机关用地，因此整建和装修都有特别规定；此外，屋子在建筑相关法规尚未公布时即已存在，也使得建筑执照出现问题。种种

旧医院走道空间上的吊灯及病房的铁制门牌，经过简单修理后也都悉数保留

后栋红砖建筑利用天窗将光线引入

问题，有的耗费林峻丞好一番工夫才解决，无法解决的难题也只好暂时搁置。层出不穷的状况，也使得预算从原本的700多万元飙升到1000多万元。最后，林峻丞通过群众募资平台募得200多万元，此外，还通过企业募得一部分。

整修过程错综复杂，但老屋未来的风格倒是很快便清楚地浮现在林峻丞脑中。他说：“屋子本身就有很多的故事，不需要过多繁复的装潢，否则会遮盖了原本的历史痕迹。”因此，和设计师讨论时，林峻丞唯一提出的原则便是“以简约风格，呈现老屋原样”。

600多平方米的空间处处可见过去70多年的历史痕迹。例如，前栋屋子里的白色铁杆，昔日是爱邻医院为了挂上布帘隔开病床而设计的；屋子上方的屋梁，是早年医院兴建时就有的；当年悬挂匾额的“托匾文狮”，至今也还留在通往中庭花园的门檐上方；病房的铁制门牌和走廊上的吊灯，经过简单修理后，也都悉数保留。

前后栋之间的中庭，给人世外桃源般的秘境感受

位于主建筑后方的空间则未假手他人，全由林峻丞自行构思改造。有别于前栋的风格，旧时本是红砖屋的屋舍，采用了大量木结构，呈现出温暖的质地；昔日作为病房的空间，特地将屋顶略略架高，或是开辟天窗将光线引入，营造温暖、小巧的空间。不过林峻丞说，现有的屋舍仅是当年爱邻医院的一部分。旧医院最特别的建筑结构，在于第一进到第二进之间的喷水池，后来屋主分家，喷水池现在归属三峡老街的慈惠宫。

即使少了旧医院的部分屋宅，利用后栋改造而成的合习聚落也不逊色。人们在路过这栋洗石子建筑时，或许以为只有这栋屋宅，而一旦走入屋内，才会发现别有洞天。

穿过作为禾乃川店铺的主建筑，走向后方，会看到一处僻静的中庭花园，以及结合当地手艺人、协助弱势学生职业探索所设置的红砖教室，仿若来到世外桃源。

运营

不只是老屋，串联当地人打造共学聚落

尽管过程烦琐，但林峻丞已非老屋改造的生手，而最困难的是替老屋找出最适合的主力运营商品。

2010年，林峻丞返乡创办甘乐文创，多年来投入当地文化、小区营造、创新设计，也曾与当地手艺人合作推出各式文创设计产品，如爆平安炮纸红包袋、万发打铁刀具。但林峻丞坦言，这些不足以成为稳定的营收来源。直到2015年，林峻丞推出自有品牌禾乃川，才找到运营的利基。

禾乃川豆制产品100%采用台湾本地豆类制作

禾乃川生产的豆浆产品

主打本土豆制品的禾乃川，是甘乐文创因长期关注弱势群体教育与当地产业而发起的一个项目。林峻丞说，品牌的问世起因于甘乐文创旗下的刊物《甘乐志》。做杂志采访时，他们接触到台南、嘉义一带种植本土黄豆的地方小农，听闻农作物无路可销的事情；此外，由于甘乐文创长期关怀三峡弱势少年群体，在辅导时发现许多问题的根源在于家庭失能，有的是因为隔代教养，有的是由父母失业所致。林

职业教室——玩皮小孩皮革工作坊

贩卖豆浆饮品等轻饮食的禾乃川豆制所，透明化的生产基地犹如小型观光工厂

峻丞因而动念创办豆制品品牌禾乃川，既能协助解决小农产销问题，又能为三峡当地人提供就业机会。

有别于之前的改造经验，合习聚落让甘乐文创有机会呈现其这几年来所做的努力。林峻丞说：“决定进驻爱邻医院前，就希望合习聚落发挥整合的作用，空间聚落的概念很早就成形了。”因此，贩卖豆浆饮品等轻饮食的禾乃川豆制所成了进驻前栋建筑的店铺。一走进建筑，首先就可以看到透明化的生产基地，犹如小型观光工厂。旁边的用餐区则贩卖禾乃川制作的豆浆、豆花等各式产品。在决定以自家品牌进驻前，林峻丞曾一度考虑设置烘焙坊，但考虑到自己并不熟悉烘焙行业，加上设备投资又是一笔大额开销，最终林峻丞还是选择以自有品牌禾乃川作为运营主力。

前方主打餐饮服务，后方空间则作为禾乃川酿酵坊、木雕与皮革工作室等。林峻丞说明，在结合地方工艺与青少年职业培育的实验空间，一方面找来手艺人延续逐渐凋零的工艺产业，一方面也希望协助孩子提前进行职业探索，通过学习手艺建立自信心，而在职业教室中，手艺人与学生共同制作的产品也能对外出售。

只是从 2018 年初上路至今，合习聚落每个月既有开销加上甘乐文创其余事业与人事运营费用将近 40 万元，收支尚无法平衡。因此，除了三峡两处老屋改造基地，林峻丞也积极拓展通路，如让禾乃川品牌走出三峡进驻百货公司，而网络商城的成立也是近期的新尝试。

以老屋为基地，赋予老屋新生命，对林峻丞而言，不只是开设民宿、餐厅、文创店，要能与地方联结，和产业串联，这样才能为空间挖掘更多的故事。只是，林峻丞提醒，老屋修复终究不光是美好的梦想，有意进驻的人必须务实地思考种种问题，如产权、投资资金、约期长短等，最重要的是新空间的运营主题。“老屋虽美，其现实的一面也要思考清楚。”林峻丞再三叮嘱。

（文／刘婺枫　摄影／吴欣颖）

合习聚落

老屋创生帖

串联工艺文化、良食商店和职业学院，
让旅人和孩子一起来“合习”（学习），
发现独特的生命价值。

林峻丞

老屋再利用建议

1. 以老屋为基地，不应只是开设民宿、餐厅、文创店，联结地方，和产业串联，才能为空间挖掘更多的故事。
2. 有意进驻老屋的人必须务实地思考如产权、投资资金、约期长短等问题，最重要的是新空间的运营主题。
3. 在台湾，如果是日据时期的房子或是划为机关用地的老屋，在整建装修上都有特别的规定，要特别注意。

老屋档案

平面配置

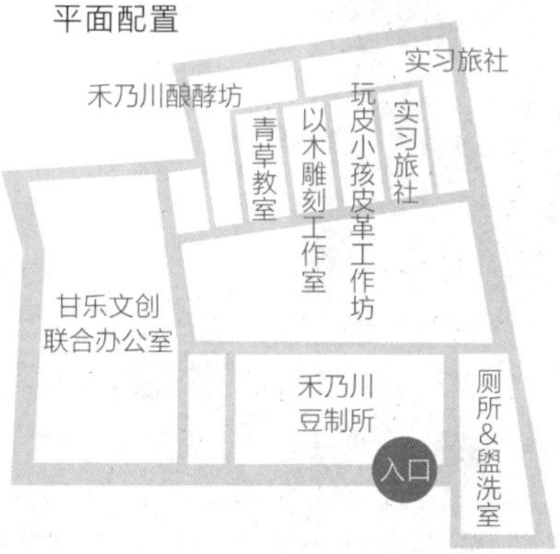

开放时间／周一至周日09：00—18：00
古迹认证／无
起建年份／1947年
原始用途／医院
建筑面积／660m^2
改造营业日期／2018年2月
建筑所有权／私人
经营模式／租赁
修缮费用（新台币）／1000万元
收入来源／餐饮100%

期待兰室发挥聚众的功能，
以成为活力十足的平台为目标，
传承大溪人文荟萃的精神与风貌。
——钟永男（现任主人之一）

建造时间
清末时期

一起团购了大溪秀才的家

兰室

有着百年历史的桃园大溪兰室为三开间二进的老街屋，2015 年，由 8 位在维护古迹方面志同道合的伙伴——林昕、钟永男、林志成、黄任维、黄士娟、宋文岳、张琼文、陈志豪，一起出资买下，再以公司形式登记成立兰室文创股份公司，是在台湾地区少见的合资团购老房子并以公司运营的案例，成为一处尝试古迹保护活化与建筑修复新模式的专业场所。

兰室为三开间二进的建筑，上方的老鹰雕塑象征着主人之名“鹰扬”

“原本只是几个喜欢老房子，且工作上和大溪木艺生态博物馆有些关系的人常聚在一起，没想到这群人后来竟然共同成为一栋大溪老房子的主人。”古迹研究学者黄士娟笑说故事缘起。

缘起

想为大溪留下一栋有历史的房子

“老房子会自己找主人”，不少参与老房子再利用的人都这样说。

兰室最早的主人是清末曾任大溪街长的秀才吕鹰扬，其立面牌楼为 1918 年大溪进行“市区改正”计划时所建，乃洗石子花饰清水砖，中间有一座象征屋主的老鹰雕塑，左右开间牌楼各有一“吕”字，巧妙地嵌进了主人姓氏。吕鹰扬曾经成立桃崁轻便铁道会社，诸多大溪道路起自其手，为大溪现代化建设的关键人物之一；其子吕铁州则是日据时期知名的胶彩画家，这栋老屋可以说是见证大溪发展的重要建筑。然而吕铁州英年早逝，之后房子便辗转易主。

在大溪从事小区营造多年的林昕，2014 年 6 月 24 日，路过这栋她观察很久却总是门户紧闭的老屋时，见其门扉开启，便入内拜访，又喜见老屋保存完整，便游说屋主邱家人将房子申报为文化遗产，但邱家长辈几经斟酌，反而想脱手，以免给下一代造成困扰。林昕和几位朋友讨论后，大家均有尽力为大溪留下一栋老房子的意愿，于是决定合资买下。“卖给我们，房子不会被拆掉，以后你们随时想回来就回来。”邱家人被这句话打动，放心地把这栋有着家族记忆的老房子交给了这群人。成员之一，建筑师钟永男，笑说他们是“八仙过溪”——八个伙伴来到大溪，其中包括建筑师、古迹修护师、大学教授、科技从业者、业余画家、小区营造老师，他们结缘在兰室，一起成为老屋的新主人。

一群喜欢老房子的好友，共同成为兰室的新主人（左起为宋文岳、黄任维、张琼文、钟永男、黄士娟、林昕）

↑“我一百岁了，请不要碰我”，老屋处处贴有警示标语

→老屋为土墒砖承重墙系统，整修时在第一进地板两侧做排水集水槽，底部设置木炭、石灰，再将瓦片直立以竖井原理让潮气上升，使墙面不再受潮气而膨胀、剥落

在两进之间搭建半透明的采光罩，兼具采光、美观与防护功能

合伙登记，以公司形式运营

为何决定将这栋老屋以公司名义登记，而不是以非营利的基金会或协会方式处理?

为了运营法定身份，八人讨论过公司、协会及基金会诸方案，但人数太少，不满足成立协会的基本人数要求，且结构也过于松散；基金会是限制太多，得年年提计划送审备案，程序复杂、烦琐，也不适合；最后以公司登记的方式胜出。挂名兰室董事长的钟永男说：“买卖需要有个主体完成登记程序，倘若房子挂在我名下却是八人共有，不太恰当。几经考虑，因八人都非大溪本地人，根本没有任何家族渊源，而且每个人投资额度也不一样，采用公司登记的方式最能保障所有人该有的权利和义务，人人是股东，清清楚楚，三年多来，并未产生什么问题。”黄士娟则半开玩笑说，成立公司就不用担心万一日后子孙间产生纠纷，导致产权变复杂，甚至让老房子被拆了。

“大家原本只是单纯地想设立一个美术馆（画廊），延续这栋老屋的生命，也让这座清代秀才的家与艺术家的故居有新的风貌，并不是要做什么生意，能不亏钱就很棒了。我们如果有赚钱，欢迎课税。”担任兰室执行长的林昕笑着说。

就这样，兰室文创股份有限公司成立了，开启了百年老屋的新生命。

整修规划

尊重房子原貌，发挥专业，合作修房子

最外面写着“兰室”二字的牌楼立面建于 1918 年，但老屋原始起建年代应该更早，已知以吕鹰扬女儿之名为主题的花卉彩绘，经红外线拍摄发现落款为 1901 年，以此推论老屋起建年代可能在清末时期。

对于这栋历史超过百年的老房子，这群在建筑文史领域各有专长的伙伴是如何规划整修的呢？因前任屋主将房子照顾得非常好，钟永男主张应该尊重空间本来的样貌与质感，暂时不做太大改变；同时也考虑若修缮费用过高，团队一时恐无法负担，等日后引进公共部门资源协助，再做大规模修缮。因此，兰室第一阶段的工作是“清”，去除后期增建的对象与元素，如壁堵去漆、立面牌楼清洗等，让建筑本身的质感呈现出来。第二阶段的重点是“去”，将不适合的老家具移除。虽然根据规定，可以改变历史建筑，但兰室初始采取的是较保守的做法，即慢慢熟悉空间，再逐步调整使用。

第二进大厅壁堵去漆后露出内里最原始的红色，让老屋重现华美雅致的氛围

兰室的修缮有几处独创的工艺可供各界参考。其一，传统土墙厝的墙面往往容易受潮气影响，膨胀而剥落。拥有古迹修复经验的黄任维尝试在兰室第一进地板两侧做排水集水槽，底部设置木炭、石灰，再将瓦片直立以竖井原理让潮气上升，每日开门使空气流通，潮气因此减少很多，吹南风时甚至不会有返潮现象。其二，为改善老屋光线不佳的缺点，兰室在后进屋顶开了天窗，自然光效果极佳；之后在两进之间搭建起半透明的采光罩，兼具采光、美观与防护功能，与常见的古迹修复中直接加盖屋顶铁棚大不相同。其三，黄任维依据经验判断第二进大厅壁堵应藏有最古老的颜色，因此进行了大面积的剥漆，将历年来涂上的米黄色漆去除，终于露出内里最原始的红漆，让老屋重现华美雅致的氛围。

运营

要或不要，定位需清楚

背景各异的八个人，各有各的专业，就是没有开店的经验，但为何决定开店？林昕说，有了常态的店面即可以定时开门，无须预约，路过的游客或特意前来的朋友，都可以自由参观，间接达到宣传兰室的目的，“至今，来参观的比消费的多太多”。

兰室在运营之初，即清楚地设定了几个重点。一、原屋主吕铁州是台湾地区重要的胶彩画家，因此他们想做与老屋历史相关的艺术品推广，也就是美术馆。二、第一进除当作美术馆外，也作店铺，但不出售与大溪当地商家重复的商品，如满街都是的木艺品，要引进大溪没有的产品。三、因大溪产茶，所以于第二进开设茶坊出售茶叶及茶具，更可借此推广大溪茶的产业史，也述说文人雅士饮茶的情调。

在规划美术馆时，考虑到大溪正缺少画廊，且画廊可以卖画产生收入，所以将兰室美术馆定位为大溪的美术馆。2017 年 6 月开放后，兰室曾主动举办多档展览，原预期可一档接一档，借此吸引更多的人来参观，但画展反应没有预期好。

钟永男略带无奈地说："或许是因为来自外地的这八人是以台北人的观点来规划而导致期待有落差吧！"目前，美术馆暂时改为被动式接受展示合作，降低了主动邀展的比例。

此外，他们也尝试借由八位"室友"的专长与人脉开办讲座：一堂保健的艾灸课，想不到竟然爆满，但意外的是学员都来自外地而非本地；"兰室讲堂"则邀请年轻的专业研究者来讲解台湾地区的历史与建筑，让知识得以传递。

林昕说，游客熟悉的大溪老街是和平路一带，中山路这端游客较少，消费人口有限，且兰室聘有两位专业工作人员，而大溪其他街屋多属老板（娘）自家看店，两种店铺的成本结构大不相同，指望单靠开门营业卖点茶、工艺品当然是不够的，达成期望的收支平衡仍需时间，这是兰室伙伴仍在努力学习的课题。

政府资源，民间该不该拿？

谈到政府补助这件事，兰室室友们纷纷说起 2016 年桃园市政府住宅发展处的都市更新整建维护补助办法，兰室是第一个申请案例，也是当年唯一一个获得补助的案例。为何是唯一？黄士娟解释，当时是首度开办，手续、申请表格实在麻烦，要求数据过于专业，导致其他申请者纷纷退出，只有兰室团队因有建筑专业成员，才得以勉强撑到最后，成为首个"微整形"成功案例，因此兰室的申请经验也成为后续其他老屋申请补助的重要参考。这笔来自政府的补助，帮助团队完成了半年的修缮工作，包括骑楼天花板、门面去漆重现原貌、牌楼修缮与防水更新等工程。

对于政府的补助及资源，兰室采取开放式的态度，需要的话就去申请，实质的协助当然重要，但更重要的是扩展合作的方式。目前，兰室也是大溪木艺生态博物馆街角馆成员之一，每年能获得博物馆的少量补助，可作为合办活动的经费。

不亏钱就好，期待成为平台

日益增加的老屋新生案例往往带给外界无限美好、浪漫的印象，似乎老房子可轻易成功运营。但长期投入古迹修复的钟永男以过来人的身份建议，一定要先有清晰的理念再来运营老房子，毕竟整修耗时，投入时间很长，项目很多且需要专业的经营人才，要产生营业收益很不容易。一般开店做生意都不一定能成功，何况是像老房子这样的文化场

第二进开设茶坊出售茶叶及茶具

兰室第一进除了设美术馆外，也设店铺，可借此推广大溪茶的产业

所，何来期待赚钱？因此事先一定要有长期投入的奋斗心态。在合资成立兰室时，众人已将目标设定为不亏钱即可，虽然目前距离这个目标仍有待努力。

与兰室紧邻、同用共同壁的 11 号，已荒废十几年，屋况甚糟，在一次大雨过后兰室伙伴投入进行抢修，原屋主知道后，决定放心把 11 号卖给这群用心保护老房子的人，从一到二，兰室担负的责任越来越重。钟永男说若可顺利经营，这里也等于是他们八个人共同的老家，一年几次聚在一起，相当好。老空间自然有其价值与意义，但他更期待已成为大溪公共财产的兰室能发挥聚众的功能，对外号召认同者集结参与话题讨论，开办“兰室讲堂”，让各种古迹修复再利用的话题在此发声，以打造活力十足的平台为目标，传承大溪人文荟萃的精神与风貌。

2019 年 1 月 17 日，获得台湾地区文化事务主管部门私有老建筑保存再生计划补助、全台首创的老屋情报馆在兰室揭牌，民众可以在这里获得老屋修缮的咨询服务，了解老屋修缮的方式和技术，这里甚至还提供老屋出诊服务，成为老屋改造的有力的交流平台。

（文／叶益青　摄影／范文芳）

兰室

老屋创生帖

让各式古迹修复再利用话题在此发声，
传承大溪人文荟萃的精神与风貌。

钟永男

老屋再利用建议

1. 运营老房子要有清晰的理念以及长期投入的奋斗心态。
2. 整修采取较保守的做法，先尊重空间原本的样貌，日后再引进资源协助做大规模修缮。
3. 对于政府部门的补助及资源申请，采取开放的态度，将其视为扩展合作的可能性。

老屋档案

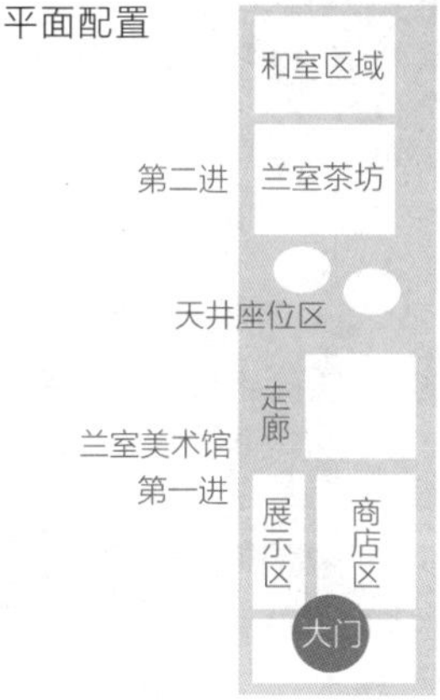

开放时间 / 周三至周日11：00—18：00（周一、二休馆，到访前请先参考官方网站确认）
古迹认证 / 历史建筑
起建年份 / 清末时期
原始用途 / 住宅
建筑面积 / $211m^2$
改造营业日期 / 2016年4月
建筑所有权 / 兰室文创股份有限公司
经营模式 / 购买
修缮费用（新台币）/ 350万～400万元（含设备）
收入来源 / 政府补助10%、股东出资40%、商品收入40%、场地租借收入10%

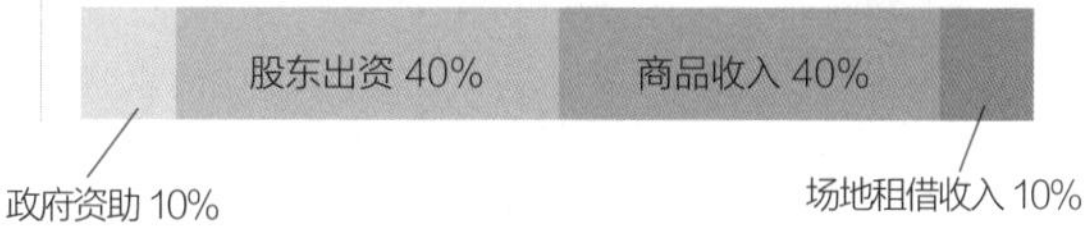

在大溪，就像过着人情味很浓的乡下生活，
步调慢慢的，
如同回到家一样自在、舒服。

——钟佩林（现任主人）

建造时间
清末

老屋微市集，开创大溪文创平台

新南12文创实验商行

第一进的文创商店中的商品有三成是大溪当地的品牌

有别于大溪人潮熙攘、商家林立的和平老街，距离其 500m 的中山路相对幽静，旧称新南老街，许多富商、文人的宅邸汇聚于此，包括简阿牛的建成商行、吕鹰扬的兰室等。新南 12 文创实验商行位于中山路 12 号，老宅由大溪梅鹤山庄于清末时期兴建，后转卖给大溪名医傅祖鉴，之后用作乐器工厂。2015 年底，拥有古迹修复背景的钟佩林、林泽升夫妇将其买下，希望通过年轻的思维让老宅活化。以原有街道地址命名，让这个居所有了受当地认同的使命感。

缘起

蹲点小区营造，以“三手”微市集带动当地居民参与

“我想，是这栋房子把我们找来的……”钟佩林如此说起与大溪的缘分。

早在 2009 年，钟佩林和林泽升夫妻二人便随台北艺术大学黄士娟老师在大溪和平路做老街立面规划，开始深入了解大溪，认识了许多当地人。两人原本住

屋主钟佩林把新南12文创实验商行作为自己的住所及串联大溪文创的平台

在桃园市，后来有了孩子且考虑经营的设计公司不一定要在市中心，于是卖掉公寓凑了首付，在大溪外围买了栋透天厝。

定居大溪后，夫妻俩积极地参与大溪木艺生态博物馆的筹备工作，从附近日式宿舍调查开始凝聚当地共识，在新南老街的历史建筑建成商行里举办活动，借以吸引当地居民。当时，桃园并没有文创市集，于是夫妻俩和擅长艺术与文创设计的工作伙伴高庆荣一起，招募持有相同理念的年轻伙伴，以“二手”的“人”加“时间”所累积的过程，再加“一手”的“创意”，成就现在的“三手”微市集。微市集于 2015 年 7 月举办了第一场专属于大溪的文创市集，自此打开大溪文创平台的大门。市集活动越来越热闹，街坊邻居越来越熟悉，钟佩林和林泽升开始思考如何把好不容易带到大溪的文创能量留下，并希望能在老城区找个合适的空间作工作室。街坊大姐热心地介绍这栋中山路百年老宅给他们，虽然屋况并不好，但一看到牌楼，夫妻俩心底便浮现“对了！就是这里”的想法，还没完全看过整栋宅院便火速决定买下来。2015 年圣诞夜，签约完成，钟佩林和林泽升自此成为真正的大溪人，展开漫长的老房子修复与运营之路。

钟佩林舍不得丢弃老屋原本的木料，于是将其劈成木块作为柜台装饰材料，有些客人甚至因此以为店里出售窑烤比萨

整修规划

浪漫的冲动，“整理”变“整建”

没想到买下这栋百年老宅只是真正考验的开始。钟佩林和林泽升原先只想简单整理就好，想不到打开老宅结构层、掀开屋顶才发现，“整理”的小工程竟变成“整建”的大工程！屋里满是倾倒的土堆、废弃物，还长了一棵杂树……夫妻二人只能硬着头皮咬牙动工，原本预估最多花 400 万元整修，但后续情况越来越复杂，最后开销暴增到 800 多万元。

为了尽可能保留这栋老宅院，包括门窗、庭院、结构、现场对象等，整修时无法使用大型机械操作，只能靠人力从最后方慢慢处理，甚至连钟佩林当时只有三岁大的儿子也吵着要帮忙。幸运的是，当时邻居也在开展工程，大型结构材料才能借道搬入老屋。由于屋长 60 米，共有 9 户邻居相邻，且都是共同壁，每修一段就得先和邻居沟通讨论，因此光是处理空间结构就花了将近一年。

由于是自己的房子，屋主二人又都拥有建筑专业背景，对于空间属性和规划十分上手，因此老屋整建过程中，夫妇俩只画过一张规划图，接下来就边看边修，毕竟老房子状况多，得靠现场和师傅沟通讨论，共同处理问题。

四处奔走调头寸，当地贵人相助

老房子很美，但实际状况是，百年老屋对一般的银行借贷来说残值是“零”，幸好有当地银行与长辈协助，才让修缮房子的后续资金能够到位。更重要的是，一路上还有许多大溪人相助：铁工厂和泥作厂的老板知道年轻人的预算有限，被

→屋顶正上方是唯一留下来的瓦梁

↘ 整修时让旧木得以再利用，状况好的由木工师傅重新拼合变身好用的牛樟木工作桌

↓第二进的书店“天井逅书”

欠款几十万元也没来催账。等到宅院修好，工作稳定，开始有收入，夫妻二人想赶紧还钱时，老板和水电师傅还好心地安慰他们“慢慢来，没关系”。在修缮过程中，邻居也时时给予关心，做点心慰劳他们，屋内的打字机、木桌、行李箱、缝纫机，都是附近长辈捐赠的。开业当天，隔壁阿姨更帮忙煮汤圆、做油饭，附近音乐教室的老师也来表演助兴。正因有当地邻居的帮忙，新南 12 文创实验商行才终于可以于 2016 年 11 月 8 日正式开业。

运营

招募专业人士，分场域弹性合伙运营

经过一年的整修，建筑本体总算完成得差不多了，但接下来要怎么经营呢？

二楼是餐饮区也是展场，桌子、天花板都是由老木料再利用而制成的

钟佩林自认不擅长运营，决定释放空间，希望通过发挥众人的专业能力一起经营：专做手作布包、皮革、木雕、金工的伙伴，除了把产品带进这里出售，也将课程带来大溪分享；对于会做料理、甜品的伙伴，就安排长期驻店店长计划，伙伴可以来当“一日店长”。经过三年的磨合与成长，新南 12 文创实验商行的商品从原本只有一成的当地品牌，慢慢增加到三成；餐厨料理也转以当地食材来制作，逐渐实现“大溪限定”这个愿景目标。

“难道老房子只能做咖啡、餐饮，卖文创商品而已吗？”钟佩林和台北艺术大学毕业的陈柏良讨论起开书店的可能性。大溪只有卖文具和参考书的书店，在整理好第二进空间后，两人考虑到偏乡实体书店在整体竞争力上比不过网络书店，因此决定第二进的“天井逅书”书店不卖一般的畅销书，而是以主题的方式选书、卖书，如配合当地时节、节庆、文化主题，另外选择台湾各地小农以及时下食品安全话题等图书。运营至今，通过消费者的反馈和经营状况的评估，书店慢慢找到了销售方向，也获得了认同。目前，在人力分配上，第一进的文创商店由伙伴高庆荣和钟佩林合作，利润六四分成，餐饮部分为钟佩林负责；第二进的天井逅书由陈柏良负责选书、管理，钟佩林负责现场销售；二楼两个房间的民宿则由钟佩林全权负责。在这栋百年老屋里，产生了数种复合运营的方式。

与地方共生，才是运营的长久之道

大溪是个假日人潮不断的观光小镇，但经营一家店无法单靠假日的业绩，如何让日常收入与运营支出保持平衡，是个很重要的问题。钟佩林说，在修缮房子期间，大溪区政府提出希望把新南老街规划成跟和平老街一样的步行区，作为当地观光产业的一部分。整修道路当然好，但摊贩问题会成为大家的梦魇，因此民众自发组成新南老街厝边联谊会，共同签署居民公约，让这条街区的骑楼保持净空，同时骑楼不外租、不设垃圾桶、摊贩不进驻，原则上店面以当地人自己经营，这样的共识让新南老街有别于和平老街的繁杂，让人们越来越喜欢这里的静谧。

为了了解客源，钟佩林特别做了一整年的问卷调查进行分析，结果竟然与想象的大不相同！原以为自己的文创商店应该有不少通过网络、脸书前来的客人，没想到这类客人竟然只占不到一成，而将近七成是当地客人。这个意外的结果让新南 12 文创实验商行更加清楚经营的定位与未来的发展方向。目前，新南 12 文创实验商行的主要收入来自餐饮，零售和举办活动的收入约占三成，图书销售约占一成。直到 2017 年底，他们才全部还完原本积欠的装修款，2018 年才开始收支平衡。

新南 12 文创实验商行从不强求客人消费，人们可以轻松自在地进来走走，体验老房子的美，就像邻居随时来串门聊天一样；邻居要借个茶碗，就临时过来借；主人有事暂离，还会请客人帮忙看顾一下店面："人情味很浓的乡下生活，步调慢慢的，就像回到家一样自在、舒服。"钟佩林笑说自己对经营很随缘，其实"骨子里是懒惰吧"。她希望新南 12 文创实验商行能吸引到更多志同道合的伙伴："就像是来到老朋友的家，各自享受老空间的美好，这样一个家就能够长久吧！"

（文／叶益青　摄影／范文芳）

新南12文创实验商行

老屋创生帖

以“小区”为主轴经营的生活空间，
与当地青年一同成长，创造专属于大溪的文创。

钟佩林

老屋再利用建议

1. 百年老屋很美，但对一般的银行借贷来说，残值是“零”，资金运用要先规划清楚。
2. 老房子状况多，得靠现场和师傅沟通讨论才能处理问题。
3. 与地方共生，才是老屋运营的长久之道。

老屋档案

平面配置

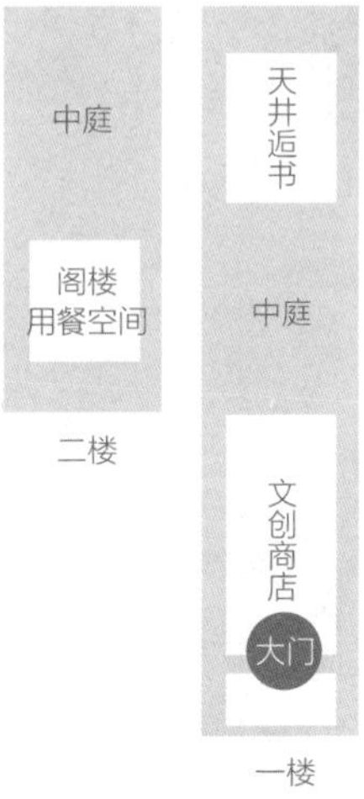

开放时间 / 周三至周日11：00—18：00（周一、二公休）
古迹认证 / 无
起建年份 / 清末时期
原始用途 / 住宅、诊所
建筑面积 / 约297m^2
改造营业日期 / 2016年11月
建筑所有权 / 私人
经营模式 / 购买
修缮费用（新台币）/ 超过800万元
收入来源 / 餐饮60%、商品及活动30%、图书10%

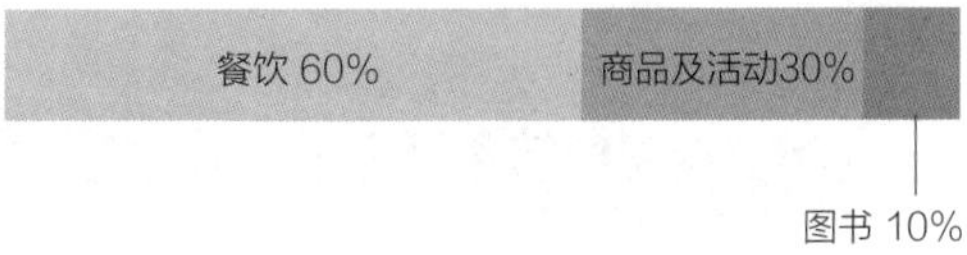

把经营时段和经营空间分割出去，由多组团队来经营，
既能发挥老屋的最大值，
又能避免产生劳资对立的问题。

—— Ricky（现任经营者之一）

建造时间
1903年

分时共生，提供创业者筑梦舞台

恒春信用组合

恒春信用组合白天是咖啡馆，夜晚则化身为酒吧，楼上还有住宿空间，有时也会举办市集。客人在不同时间来到恒春小镇这栋具有百年历史、前身为银行的老建筑，都能看见不同风貌，遇上一点儿惊喜，这就是恒春信用组合的魅力。

恒春信用组合所在建筑的建材取自当地的咾咕石，外观延续19世纪流行的新古典主义样式

老房子以共享工作空间为概念，让有才华、有技术、有梦想的人齐聚于此，划分时段，区隔空间，搭起各自的创业舞台，以共生的方式将“老屋新生”演绎得淋漓尽致，也让旧有的空间，因为这些人的大胆做梦、勇于尝试而有了新的生命力，是相当特殊的老屋活化案例。

缘起

在“信用”基础上，打造梦想基地

恒春信用组合这个名字有两层意义。第一层意义，就字面上而言，信用组合早期相当于“银行”的意思。在当时，恒春为台湾琼麻工业重镇，因琼麻制成的缆绳坚韧耐用，出口贸易额可观，带动了当地的经济，但当时恒春尚未有银行，因此，当地士绅陈云士便于 1918 年发起成立恒春信用组合。恒春信用组合一开始设立于南城门旁的小巷弄内，在 1929 年左右移到文化路现址。现址的建筑建于 1903 年，就这样静静伫立于此看尽百年历史。

第二层意义，则要说起目前在这栋老房子中工作与生活的这些人和事。不同于过往的银行印象，今日的恒春信用组合来了一个由Ricky、Monica、Jo(王重乔)等五人组成的团队，他们提倡共享经济、共生运营，将这个两层楼的空间善加利用，不同时段、不同空间各由不同的创业者来经营，借由复合运营模式，为年轻人或想创业的人提供一个可以实现梦想的基地，也让他们彼此之间能够分享经验、脑力激荡，碰撞出不一样的火花。这样的构想，不就是一个建立在彼此“信用”基础上的“组合”吗？

拆伙、重组，以共享经济解套劳资对立

不过，是什么风把这些人吹到了一起呢？没想到关键词竟是“咖啡厅的常客”。原来，喜爱冲浪的 Ricky 以前常来垦丁一带，但每次来总觉得这里没有一处可以让他舒服窝着的咖啡厅。在 2013 年结束台北的工作后，他机缘巧合地遇上了这栋格局方正、挑高的恒春老房子，于是决定签订租约，南下搬到恒春，与

2016年底，Ricky（左）和Monica（中）、Jo（右）等五人，在这个空间内一起实践共生之路

几位股东开启在台湾南部经营咖啡厅的日子，成为恒春信用组合这个空间的前任经营者。这段时间他累积了不少熟客，其中也包括同样从台北移居到恒春的 Monica 和 Jo。

然而，因为业绩、经营业态等问题，Ricky 与他的股东们开始产生意见分歧，Ricky 无奈地表示："老板、员工、客人是很奇怪的三角关系，而现实的劳资关系又很容易使彼此对立。"因此，各位股东决定结束合作关系，而有了这次经验的 Ricky，开始探寻其他经营模式，他发现"共享经济"或许是一个解套的办法。

Ricky 分析，在共享经济下，所有人都是平等的伙伴关系，可减少劳资关系常碰到的僵局。另一方面，以餐饮业来说，同一组人马要从早上经营到晚上，工

时太长、负荷太重，若要雇用更多的人力，时间久了，势必也会产生更多“人”的问题，但如果把经营时段和经营空间分割出去，由多组团队来经营，既能发挥这个空间的最大价值，又能避免上述问题，岂非两全其美？于是，在2016年底，Ricky和几位原先咖啡厅的常客Monica、Jo等五人，便一同盘下了这个空间的经营权，一起实践共生之路。

整修规划

多用途、可拆解的复合空间

团队依照每人所长分工。Ricky具有餐饮业背景，主要经营一楼下午时段的咖啡厅Café 1918，同时也进行创业辅导咨询；本身在经营其他民宿的Monica

↑墙上贴有恒春老街地图，强调当地的文史价值

↗一楼吧台上放着经营者的合照，提醒自己勿忘初心

→恒春信用组合一楼典雅的壁灯

←一楼空间格局方正宽敞，白天是Café 1918，晚上则化身为酒吧

对室内设计、装潢改造很擅长，二楼“信用帐”（Campsule）住宿空间的管理就由她主导；Jo 是在当地创业的建筑师，工作重心是对老屋的建筑、空间及历史文化背景的研究；其他两位则是居于幕后的出资角色。团队大致分工如此，但实际上，许多市场规划及运营策略，都是大家共同讨论而制定的。

承租之时，老房子外观大致完好，但由于已经荒废了一段时间，水电几乎都不堪使用，屋内还有多个漏水处需要修补，不过整体来说，都不是太困难的修缮。至于空间规划方面，一楼主要让不同时段营业的餐饮创业团队进驻，因此他们在吧台和厨房的设计上多花了一些心力。二楼民宿则采用银行做“账”的谐音，以可拆解的帐篷单元作为单人胶囊住宿空间。每个帐篷单元麻雀虽小，五脏俱全，电视、床头灯、盥洗袋等都能在这个小小的空间中找到自己的位置，却又不显得

小小帐篷内电视、床头灯、盥洗袋等一应俱全

拥挤，整体是很不错的空间配置范例。而将帐里的寝具移开后，这些空间又可转化为一个个展场或市集摊位。Monica 表示：“这里的空间陈列使用原则，就是无定义、多用途、可拆解的复合形态。”

有趣的是，在一楼的门口处，至今还留有一个早年

一楼门口处的保险箱里头究竟藏了什么，令人好奇

二楼“信用帐”空间，以可拆卸的帐篷作为住宿空间，而将帐内的寝具移开后，又可转化为一个个展场或市集摊位

夜晚是由庄政谚所打理的30M BAR酒吧时段

这杯名为“绿蠵龟”的鸡尾酒，乍一看还真以为有只小乌龟趴在冰块上

庄政谚借调酒传递环境教育理念及当地文化内涵。左为“金色港口”，右为“绿蠵龟”

间留下来的保险箱，箱子的小门扇上有一个图案，代表了日本七福神之一的“大黑天福神”（日本传说中掌管农业丰收与财富之神）。可惜的是，目前保险箱已被封死，无法开启，里面到底放了什么东西，至今仍然未知，也让人有了更多的想象空间。

运营

踏实筑梦，还是认清事实？

想进驻恒春信用组合，其实门槛不高，餐饮区一个时段的每月租金是8000元，现场厨房、吧台设备一应俱全，股东们也乐于与创业者分享经营心得，等于空间、设备、顾问一应俱全。自2016年底以来，已有5个创业团队进驻，一些成功的团队带着从这里建立起的品牌与信心，到外面闯天下，当然，也会有人失败。“但花8000元认清事实，收手止损，比起自己开店砸下几十万、几百万元来说，这个学费还不算太贵。”Ricky这样分析。无论成功与否，在恒春信用组合总是能遇上一些令人惊喜的筑梦者，从2017年2月开始在晚间时段经营30M BAR酒吧的庄政谚，即为一例。

生物学专业背景出身的庄政谚也是一名潜水教练，长期热衷于恒春环境教育相关工作，但他发现，以传统的方式上课，听众总是那群已经很有环保意识的人，无法达到教化一般大众的目的。为了跨出“同温层”，庄政谚以自学的调酒作为工具，设计出名为“绿蠵龟”-“鹦哥鱼”等的多种海洋系的酒，还有以当地文化及小区命名的“金色港口”“后湾”“里德”等风土系的酒，在酒酣耳热的氛围下，无形中就把环境教育的理念及当地文化的内涵传达给客人，引起客人的兴趣。庄政谚说，30米（意指酒吧名“30M”）是让潜水员产生氮醉的深度，据说那是相当于喝了一杯马丁尼的微醺状态。来到这里，不需潜水也能借由轻松的交谈及品酒，来一次仿若置身海底的悠游，上一堂关乎你我的自然课。

期盼老屋与当地关系的可持续发展

除了以创业平台招商，恒春信用组合团队也积极与其他单位跨界合作，其中办市集就是可以一次与多个创业者互动、慢慢凝聚能量的方式。二楼住宿空间中的一顶顶帐篷，从平时的胶囊旅馆化为一个个的风格摊位，在室内开起了小市集，不仅引来游客拜访，有的当地人也会赶来一探究竟。此外，与当地文化的联结及合作，也是恒春信用组合不断努力的重点，包括印制恒春老街地图、参与当地净滩活动等，从这些都能看出这群人所付出的心力。提到未来，除了继续发展创业平台的角色外，Jo 也特别提及对老屋的想象："希望未来能让老屋找到自身生存的方式与价值，包含历史故事并跟当地产生更多的联结，进而延伸到恒春半岛的自然景观和人文历史，让老屋与当地的关系能够更加可持续。"相信这一席话，也是众多老房子运营者共同的心声。

（文／高嘉聆　摄影／林韦言）

恒春信用组合

老屋创生帖

以共生、共享的概念建立一个创业平台，让创业者分时段入驻，培养自身品牌。

Ricky、Monica、Jo

老屋再利用建议

1. 切割时段、共享空间的复合运营模式，进驻租金因分摊而得到合理调整，这对创业者来说比较没有负担。
2. 以无定义、多用途、可拆解的复合陈列模式，让老屋的空间规划有更多可能性。
3. 让老屋找到自身生存的方式与价值，并与当地联结、扎根，使彼此的关系更加可持续。

老屋档案

平面配置

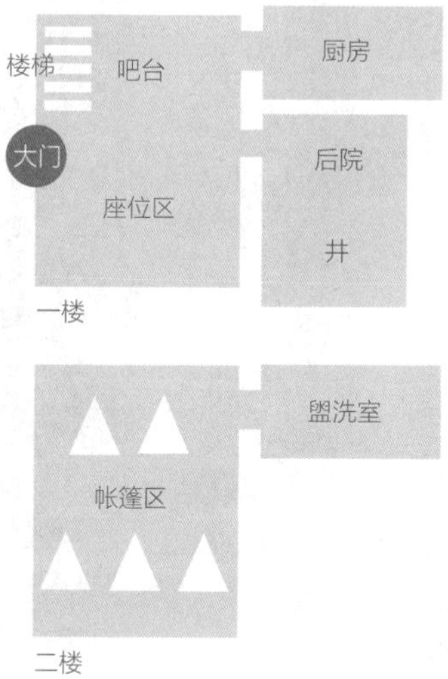

开放时间 / 恒春信用组合已于2021年结束营业
古迹认证 / 无
起建年份 / 1903年
原始用途 / 银行
建筑面积 / 单层约99m^2，改造面积约198m^2
营业日期 / 2016年底
再利用后用途 / 餐饮、酒吧、住宿空间
建筑所有权 / 私人
经营模式 / 租赁
修缮费用（新台币）/ 300万元左右
收入来源 / 餐饮30%、住宿40%、创业平台租金30%

可以说客人的消费从一进门就开始了，
不只是单纯理发而已，
还包括享受空间的氛围。

——许智凯（现任经营者）

建造时间
日据时期

在老宅里享受
理容与喝咖啡的服务

父刻理发厅

父刻理发厅是一家以男子理发为主题的赋予老屋新生命的店，于 2017 年在宜兰旧城碧霞街的小巷内挂起了蓝白红旋转灯。发型设计师兼老板是 30 多岁的许智凯，有别于常见的以书店、咖啡厅形式活化老屋，他选择以理发厅加咖啡馆的运营方式作为宜兰返乡生活的开始，除了出于兴趣之外，还因为他老家有祖传三代的理发厅，“父刻”代表了老字号传承下来的剪发技艺。

缘起

返乡，在老城区的老房子创业

店主许智凯，1991 年生，蓄着胡子的他外表显得比实际年龄成熟，他从小耳濡目染，初中时就会帮客人剪烫头发，但一路求学，走的却是高科技人才培养

一楼虽然摆放着理发椅及洗头用的水槽，但只是为了品牌识别和装饰空间，并非为了理发

幸福的一家人返乡回宜兰生活

许智凯是父刻理发厅的灵魂人物

路线。许智凯研究生读的是中兴大学纳米科技研究所，毕业后终日与材料分析报告为伍，虽是人人称羡的科技新贵，但他始终觉得这不是其生命志向所在，更不想被局限在这个圈圈内，于是毅然重拾剪刀，到台中新式发廊上班，走上与父亲、祖父同样的道路。

结婚生子后，许智凯有了强烈的回乡落地生根的念头，想自立门户开一家新形态理发厅，以与家庭式的老店有所区分，于是便积极地在宜兰找房子。因缘际会，他在网络上看到这间小巷内的传统民宅老屋出租的信息。许智凯说隔壁的屋主是一位 90 多岁的阿伯，在老人家的记忆中，这间房子在他小时候就已存在了。后来一位从台北来的补习老师将其买下，整修后本想作为度假屋使用，但因规划有变，第二任屋主遂萌生出租的念头。

老房子所在的宜兰碧霞街，以奉祀岳飞的碧霞宫而得名，附近有一处纪念兰阳第一位举人——杨士芳的纪念林园。许智凯依约来看屋时，马上就被周边绿意盎然、安宁静谧的氛围所打动，加之建筑与他阿公和老屋相似，且屋主已将屋子整理得差不多了，于是他和对方谈好租金每月 1.5 万元，一次签订两年，以后价格每两年调整一次，许智凯说："从 2017 年 4 月 21 日开始运营，租金第一次调涨 3000 元，之后每两年调 1000 元，一直调到租金 2 万元为止。"

整修规划

维持老屋原味，偏向复古怀旧

在宜兰旧城中，像父刻一样的红砖黑瓦屋舍可以说相当少见，大部分老屋已被改建为两层以上的楼仔厝。在许智凯承租之前，屋主已请设计师在空间结构方面做了绝大部分的修缮，许智凯只需采购家具，布置室内。因此，许智凯三月看房子、签约，之后短短一个多月就完成了内部装潢，四月就正式运营，迎接客人上门。

两扇落地窗让屋内明亮许多，营造出幽静的氛围

→墙体刻意保留裸露的红砖与水泥补强痕迹，搭配美式皮沙发及斗笠吊灯，怀旧复古的风格成为一大特色

建筑大致保留了老屋原本的外壳，外墙上除了灰泥之外，还保留些许红砖，可以清楚看出前后两栋的建筑结构。一楼为前后栋已打通相连的空间，约有 $50m^2$，因为没有柱子，且与隔壁不相邻，为了加固结构，后半部增加了H形钢架支撑。顺着楼梯可来到后栋上半部空间，约 $16.5m^2$，推门出去是一个小露台，正位于H形钢架的上方，二楼墙体外部以洗石子装饰；因为露台高度低于前栋屋顶，在上面可以通过三扇玻璃窗俯瞰一楼，所以提供了另一种欣赏空间的趣味，也让一楼获得了更多的采光。

室内装修则尽量维持老屋原味，许智凯指着墙上保留的旧花砖墙说：“目前所见仅剩一半的瓷砖，是因为整修壁癌时敲掉了一些。”墙体刻意保留裸露的红砖与水泥补强痕迹，搭配美式皮沙发、老式吹风机、理发剪等工具，以及斗笠吊

从二楼小露台上通过三扇玻璃窗可俯瞰一楼

通往二楼的楼梯一景

父刻服务项目价格表

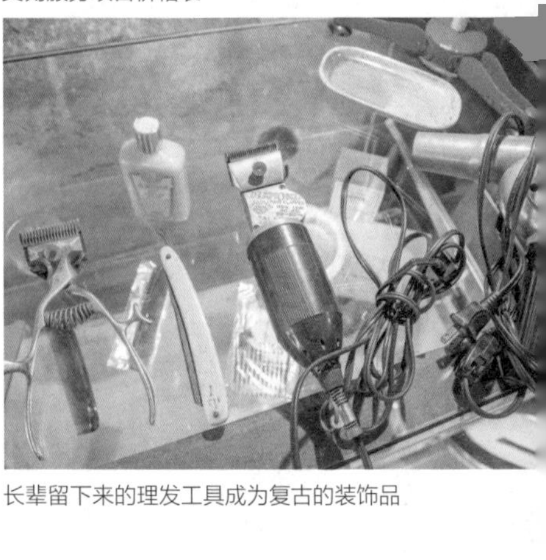

长辈留下来的理发工具成为复古的装饰品

灯，怀旧复古成为屋内风格的一大特色。在老屋左侧，原本也应是同样的老建筑，但因倾颓早已拆除，只余一片空地。屋主因看上这片空地，整修时刻意在墙上开了两扇落地窗，让屋内明亮了许多，营造出幽静的氛围。这一点，也是许智凯来看屋时最吸引他的地方。

老房子最怕的不外乎漏水、渗水、壁癌与白蚁侵蚀，虽然屋主在许智凯承租前已尽量做了妥善处理，但“老屋的缝实在太多了，结构的接缝处还是难免出现渗水”。许智凯说，像吧台所在的位置，开店没多久即发现有滴水的情况，是上方露台积水造成的。这些问题，幸得屋主愿意负责处理，但有些小地方防水层没做好，许智凯也会帮忙补强。

运营

边运营边调整，享受理发与喝咖啡两种氛围

从 2017 年 4 月开始，父刻理发厅正式挂牌营业，许智凯一边经营，一边不断调整空间与添购家具。“理发加咖啡的复合式经营是一开始便有的构想，不过起初主力在于剪烫发，咖啡仅是附带服务，让客人在剪完发后，可以继续留下来享受这个复古的氛围。营业后空间的利用也做了一些改变，之前营业空间以一楼为主，二楼则作为休息场所，直到 2018 年 7 月一楼才改为专门用作咖啡馆，服务纯粹来喝咖啡的客人；理发修容改到二楼，让客人更有隐私感，但两者都以父刻为品牌。”许智凯道出一年多来的改变。

关于人员部分，父刻起初只有许智凯一人，负责理发兼咖啡饮品制作，现在又有另一位伙伴张凯翔加入。新伙伴原本是来剪头发的客人，因为对咖啡的喜好且生活理念与许智凯相近，便成了专职人员，目前负责咖啡业务，也协助剪发工作。

问及来父刻的客人是剪发的多还是喝咖啡的多，许智凯笑着回答：“目前还

美式风格的理发椅是许智凯精挑细选的

是以剪发为主，每周约有 40 多位；咖啡馆刚起步，所以没有太多人知道。”（店主接受采访的时间是 2018 年，因此说咖啡馆刚起步。）墙上的服务项目价格表标示着父刻的理容服务，如剃头（含理发、洗发、热敷修眉）800 元、文艺父兴（父子一起剪发）1000 元、逆转人生（含理发、洗发、热敷修容）1000 元等；咖啡馆则提供手冲咖啡、茶、啤酒等饮品，一人剪发可抵二人最低消费（最低消费指每人必点一杯饮品），以使咖啡馆和理发店互相拉抬，促进生意。

有别于其他的理发厅，设立在老屋中的父刻，运营空间提供新形态的服务与空间氛围，让日常中原本稀松平常的剪发行为，变成可以与咖啡相提并论的生活品位的象征。当客人修剪完下楼后，容光焕发地品尝父刻为他精心特调的咖啡，那种由外而内的服务是在别处所感受不到的，也难怪顾客一试就上瘾。

靠脸书与实力，口口相传

为了让消费者知道隐身于巷内的父刻，许智凯在巷口挂上理发厅专用的旋转

二楼的理容空间，提供更佳的隐私感

灯，以便顾客循迹而入。除此之外，脸书是父刻最强大的营销利器，客人大多通过脸书预约服务；许智凯也在脸书分享带家人出游、参加义剪或市集等活动的消息，让顾客了解店铺近期的动态，努力地将品牌推广出去。许智凯甚至还参与了 2018 年宜兰市南方澳“鲭鱼节”，让父刻理发厅走出室内，在内埤

一人剪发可抵父刻咖啡馆两人最低消费

海滩情人湾舒爽的海风与海景陪伴下，打造绝无仅有的户外理发体验。

许智凯很难忘记第一位客人上门的情形，这位来宜兰大学念书的桃园人，早在父刻试运营前就看到了网络媒体的介绍，因为喜欢这样的空间，也想体验修容的感觉，于是未预约就直接跑来。即使已做好开店准备，许智凯在面对第一位客人时心情也是超紧张的。许智凯说像这样慕名而来的客人还不少，“所以我们不怕百元理发店的削价竞争，而是以高单价、讲究的服务，靠着实力奠定好口碑；客人的消费从一进门就开始了，不只单纯理发而已，还包括享受空间的氛围”。

目前，老屋客源在稳定增长，收支已达平衡，收入来源以剪发、咖啡饮品消费为主，美发用品及咖啡豆出售为辅。此外，老屋还提供场地出租，如电视台拍摄偶像剧或是商业摄影等，也有给小朋友讲故事这样的跨界合作，其运营项目相当多元。相比于越来越上轨道的理发厅业务，许智凯希望咖啡馆业务能更加健全，同时也想找两三位实习理发师，一起在当地开心地工作、享受生活——这也是父刻在未来运营上的愿景。

（文／张尊祯　摄影／吴欣颖）

父刻理发厅

老屋创生帖

提供富有台湾人情味的生活感，
让客人享受由外而内的“理发＋咖啡”服务。

许智凯

老屋再利用建议

1. 老房子最怕漏水、渗水、壁癌与白蚁侵蚀等问题，要做好心理准备。
2. 想要利用老房子运营商业项目，必须懂得规划且有手作的能力，如空间布置等，这样才能合乎自己心中既定的蓝图。
3. 可多利用脸书一类的社交媒体进行宣传预约，以吸引“同温层”的客人，锁定客户群体。

老屋档案

平面配置

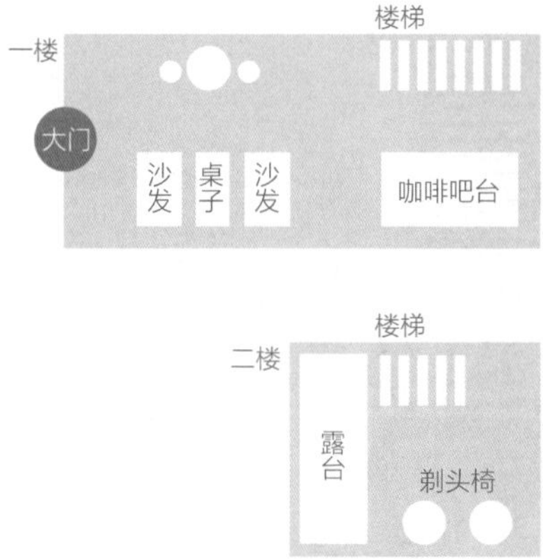

开放时间／理发：周四至周二10：00—20：00（采取预约制，周三公休）；咖啡：周四至周日13：00—19：00（周一、二、三公休）
古迹认证／无
起建年份／日据时期
原始用途／住宅
建筑面积／一楼50m^2、二楼16.5m^2
改造营业日期／2017年4月
建筑所有权／私人
修缮费用（新台币）／修缮费由屋主负责，家具采购约100万元
收入来源／剪发90%、咖啡3%、商品5%、场租2%

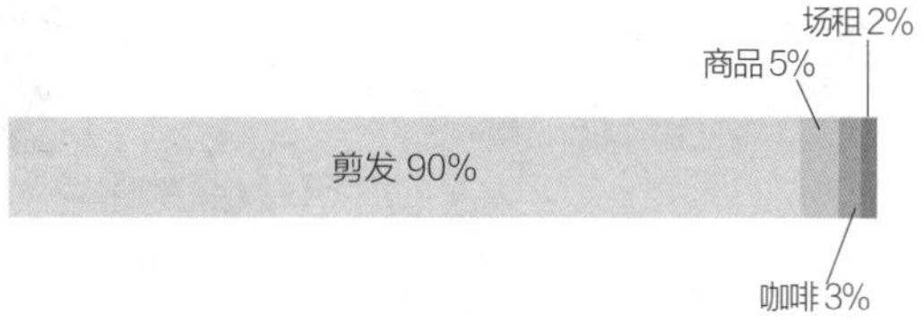

打狗文史

工作空间

通过新旧材料、人与人之间，
以及周遭邻里的重新组织，
我们发现，原来一栋房子也能有影响力。

——吴建志（现任经营者之一）

建造时间
1955年

共享工作空间，老屋创造新关系

继光工务所

沿着台中火车站站前一带漫步，周遭棋盘式的街区，俨然已成为当地老屋活化的示范区。继宫原眼科、第四信用合作社那股老屋改造的新浪潮后，2017 年，这里又多了一支生力军：继光工务所。其所在的建筑建于 1955 年，原为纺织工厂，现经两位建筑师赖人硕与吴建志活化创新，摇身一变，成为时下流行的共享工作空间，目前已有六七个事务所、约 30 位建筑业同行进驻。

缘起

10 年租约，展开老屋修缮运营之路

继光工务所所在的方正的灰白色建筑藏身在观光名产街自由路后方巷弄，若不刻意寻找，一不小心就会错过。但对于热爱老屋的新主人而言，这栋融合新旧记忆的特色老屋似乎冥冥中有一股召唤力。

隐藏于自由路后方巷弄的继光工务所

开设建筑事务所的赖人硕与吴建志已在台中落户多年，2015 年，两人有意搬离旧址，另觅办公地点。经由台中市中区再生基地的发起人、东海大学建筑系教授苏睿弼牵线，两人得知这处空间正在招租。尽管老屋历经了 60 多年的风霜，早已破败，然而，由于曾是纺织工厂，其空间宽敞、格局方正，正好符合两人对新办公空间的期待。短短十分钟后，他们就决定进驻此处。

不比租赁一般的房子，只要双方谈定价格就能拍板定案，进驻老屋的过程远比想象中复杂得多。吴建志解释，由于老屋位于站前商圈的黄金地段，以其地段区位的确可拥有高租金行情，但其屋况不佳，就算拥有地段优势，也无法租出好价格。

然而，在传统的租赁模式中，中介多半只负责撮合价码，鲜少有人将屋况一并考虑，但老屋势必得再进行修缮，因此应考虑如何将整修开销合理纳入租金摊

老屋经赖人硕与吴建志两人赋予新意，成为建筑事务所的新基地（图为吴建志）

提，这便不同于一般的租屋估价方式。此外，修缮工程还牵涉房东与租客间的彼此信任。“若无人扮演媒合的角色，可能会使进驻老屋的困难大幅提升，而这往往是在过去讨论老屋改造的案例中很少被提及，却极为重要的因素。”吴建志说。

所幸，经苏睿弼居中担保，两人和房东达成协议，以每月 1.5 万元的租金签下 10 年租约，屋子修缮的费用由继光工务所自行负担。

整修规划

想方设法，留下时代的痕迹

事情有个顺利的起头，修缮的大工程却等在后头。

为保留古老的窗花样式，两人请来认识的铁艺师傅仿造原样重新打造，以留下时代痕迹

一楼经过几任房客，有过大致的整理，但鲜少有人使用的二楼早已蔓草丛生。破了个大洞的屋顶，虽被房东暂时用铁皮遮蔽，但屋况依然不尽理想；环绕二楼的几扇窗花，有的早已因为年久失修而锈蚀破损，有的则被换成了不锈钢栏杆。历经数任房客的使用，屋内出现了几处封闭的、不知如何进出的奇怪格局。水电管线为了将来的用途也得重新敷设。

由于本行是建筑设计，赖人硕与吴建志曾经手不少公共和私家项目，知道留存老屋的机会十分难得。面对这栋老房子，两人达成了共识——留下时代的痕迹。

“过去你总会看到拥有历史刻痕的那种魅力，新建的房子盖得再好也无法与之相比。一栋旧屋能触动人的情感。这栋老屋，既有人的历史，也有建筑的历史。”吴建志说。

为了留下窗花，吴建志寻遍台湾，才在台南和新北板桥区找到两位窗花师傅，但一位已经退休不再工作，另一位只愿承接制新的活儿。最后，吴建志只好以土法炼钢，请来认识的铁艺师傅仿造原样铸造出类似的窗花，再做拼接。为了恢复旧日的时代风貌，吴建志给二楼也全装上了木窗。

为了留下建筑的“老”风貌，就得额外付出许多努力。吴建志举例，传统建筑工艺因考虑结构承重修复楼板时，多半避“重”就“轻”，利用木地板或是较轻的材质铺设地面。然而，吴建志担心装设的木窗气密度不足，台风来时雨水会渗入屋内，因此在设计上，只好反其道而行，在结构足以承载的前提下，重新灌浆铺设水泥地面。

打破界限，空间微革命

虽然对老屋怀着尊重与珍惜之情，但依样复旧不是他们唯一的目标。旅英求学、在欧洲生活时见过不少老屋的吴建志表示，尽管欧洲人对老屋留存极为重视，但在传统老屋的外壳下，却有着各式各样的新生活。因此，“在旧的屋子里过新生活，成了修复时的原始概念”，在这栋定位为共享工作空间的两层老建筑里，处处见得到两人的“微”革命。

在二楼的办公空间中，两人打破一人一格的传统制式隔间方式，改以开放的流线型桌面，一来是为了重现不少建筑师在学生时代极为熟悉的讨论氛围，二来修饰成圆弧形的桌面转角也可权充讨论区，让使用者可以随机移动交流，无须另觅会议空间。

不只二楼打开了办公桌的局限，一楼空间更大胆地将面向街道的墙体全部拆除。坐在屋内，人们可将屋外的街区景色尽览无遗。毫无遮蔽的穿透式设计，也让周遭熟识的邻居时常直接穿过屋内，去往对街。

相较于二楼早早确定了定位，在一楼的用途上二人希望呼应其前身纺织工厂“客厅即工厂”的概念，让员工在忙碌加班之余，也拥有像家一般的空间和氛围。听闻一楼的规划后，所有进驻团队都兴奋地列出自己的愿望清单。“我们简直成了‘万应公’。”吴建志笑说。

在一楼 100m^2 的空间

用小木块压缩而成的楼梯

一楼空间里的秋千供进驻团队成员的孩子使用；另一侧的大理石桌子可当接待桌，平时也是员工吃饭谈天的地方

里，不仅挂着一架秋千，还停放着小朋友的脚踏车，给进驻团队的孩子使用；空间另一侧摆放着用剩余大理石制作的大桌子，当客户上门时它可当接待桌，平时则是员工吃饭谈天的地方。同时，为了让空间兼具举办活动与讲座功能，应对上门人数的多寡，木工师傅专门设计了一款独一无二的“П”形木桌，能够根据使用需求镶入后方展示柜，瞬间变出大空间。

自由、实验的精神也体现在建材的使用上，一楼铺设的无分割磨石子地面，以及通往二楼的利用小木块压缩、多层次交错的楼梯，都是两人基于自己过去的改造案例所做的新实验。

为了满足各方的空间愿望，继光工务所的整修预算连连超标，从原计划的500多万元，最后增至900多万元。吴建志打趣说：“给别人做的案子，总是能够精准控制预算，一旦面对自己的案子，就会超标。”最后，他们靠人情从朋友那里借了款，才补足了资金缺口。这也是修复老屋最难预料的状况。不比兴建新屋，预算、工期相对精准，老屋只能边整修边观察，除了资金规划外，心态上也须保留弹性。另一项难题则是大多数老屋共同面临的历史问题。吴建志解释，许多老屋兴建于建筑法规制定之前，老屋整修常常面临没有建筑执照的难题。修缮者必须出具税单或其他文件，证明建筑身份，才能开始动工修缮。

运营

共享工作空间，经验交流与支援

2017年7月，继光工务所修缮完成。这里既是自家事务所所在地，也是对同行开放的共享工作空间。两人计算了整修成本以及每月固定开销后，决定对进驻这里的同行每个人每月只收取5500元。

运营一年多后，随着使用经验的累积，吴建志意外地摸索出最适合进驻的团

二楼开放空间，以流线型的连续桌面打破了传统办公间的隔板设计

看似是书架数据柜，背后其实是给工作伙伴休息的秘密空间

队规模。如果是七八人的团队，每月在此须支付 4 万元左右，但其实同等价位可在外面租到独立的办公空间；而一至二人的团队，进驻继光工务所，才能享受到最超值的服务，但考虑到管理方便，“这里最适合的使用团队其实是三四人的规模”。吴建志说。

现在，已有六七个事务所，约 30 个伙伴共同进驻继光工务所。进驻者都是同行，有人不免好奇，难道不会有竞争关系吗？吴建志以学校来比喻："以前在学校，我们都在意班上谁是第一名，但走出学校，才发现如此的竞争没有意义。与之相反，我们得到的是彼此经验的交流与支援。"

继光工务所在空间和工作中开展出的新关系，让继光工务所连续赢得 2018 第 11 届台湾室内设计大奖的"评审特别奖"以及"2018 ADA 新锐建筑特别奖"等奖项。以建筑奖项的评审标准而言，吴建志解释，其实继光工务所在建筑工艺上并没有太多创新，但从关系的角度而言，却为工作环境和周遭街区创造了更多人与人的互动。"通过新旧材料、人与人之间，以及周遭邻里的重新组织，我们发现，原来一栋房子也能有影响力。"这栋老屋因所呈现的新关系而散发出的独特魅力，正是专业评审最青睐之处。

（文／刘婺枫　摄影／刘威震）

继光工务所

老屋创生帖

通过共享空间、交流经验的新思维，
打造老屋生活和工作的新形态。

吴建志

老屋再利用建议

1. 进驻老屋需要将屋况一并考虑，将整修开销合理纳入租金摊提，这是不同于一般租屋估价的方式。
2. 修复老屋不比兴建新屋，只能边整修边观察，预算、工期与资金规划都须保留弹性。
3. 许多老屋兴建于建筑法规制定之前，常面临无建筑执照不能动工的难题。修缮者必须出具税单或其他文件，证明建筑身份，才能开始修缮。

老屋档案

平面配置

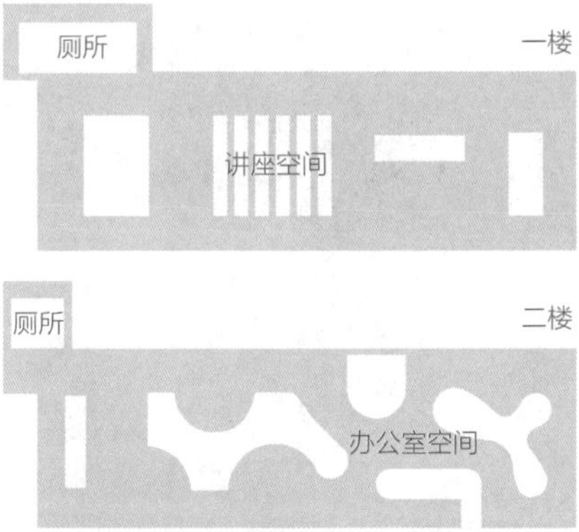

开放时间／周一至周日10：00—20：00（一楼）
古迹认证／无
起建年份／1955年
原始用途／纺织工厂
建筑面积／两层，每层面积115.5m^2
改造营业日期／2017年7月
建筑所有权／私人
经营模式／租赁
修缮费用（新台币）／900多万元
收入来源／空间租金65%、座谈活动20%、政府补助15%

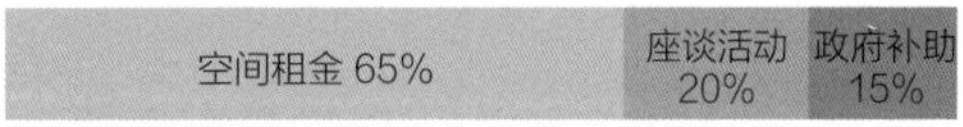

房子最重要的灵魂是人，
保存老屋是为了利用房子说故事，
而非赚钱、观光。

——郭晏缇（现任常务理事）

建造时间
20世纪初

保存平凡木屋，一起守护哈玛星

打狗文史再兴会社

高雄哈玛星内的新滨老街曾是当地最繁华的商业区，在其中的鼓山区捷兴二街上有一栋兴建于 20 世纪 10 年代的木造老屋，其前身是日本佐佐木商店在高雄开设的分店。老屋二楼外墙是斑驳的雨淋板，骑楼摆着几张座椅，木头拉门上罩着“打狗文史再兴会社”的靛蓝色布幔，这里是 2012 年由参与新滨街廓保存运动者所打造的公共空间，更是附近居民、文化人士与游客的交流平台。

缘起

老街区平凡木屋的传奇过往

这栋乍看之下十分平凡的木建筑，承载着新滨街区不平凡的历史。打狗文史再兴会社常务理事郭晏缇就住在隔壁一栋抿石子壁面的折中风格洋楼里。她指出，

打狗文史再兴会社原为佐佐木商店高雄分店的初代商店，与之相连的白色洋楼，为佐佐木的宅邸与办公室
（图片提供/打狗文史再兴会社）

会社所在的木造建筑与那座洋楼同为日据时期佐佐木商店高雄分店的使用空间。2012 年 3 月，法籍建筑师阿鸿（同时也是中国女婿），在替新滨老屋进行调查测绘时，在洋楼屋顶梁柱间发现了珍贵的栋札（举行建筑上梁仪式时放置于屋内高处的牌子），上面清楚地记载了老屋的上梁时间为“昭和四年”（1929 年）4 月，业主为佐佐木纪纲，建筑营造商为汤川鹿造等信息，确定了房子的身世。

佐佐木纪纲主要从事建筑木材销售与土木建筑承包业，商行本店设于台南，在高雄设有分店。高雄分店的洋楼（二代商店）昔日是佐佐木的宅邸与办公室，隔壁的木建筑（初代商店）后来则成为囤放小型木料的空间。由于高雄分店临近海港与铁路，尤其日据初期政府机关被限定只许使用日本木材，因此当年高雄分店异常繁忙。二战后，佐佐木商店高雄分店被国民党政府接收，而后两栋建筑分别被两户人家买下，郭家成为洋楼的主人，一楼曾租给报关行；打狗文史再兴会社所在的木建筑曾被用作塑料加工厂，而后闲置数十年。

常务理事郭晏缇对历史文物保护的热忱不输会社的年轻伙伴

新滨老街

新滨老街之名，源自日据时期的行政区——新滨町，范围约是今日高雄的鼓山一路、临海二路、捷兴二街、鼓元街所围街区。日据时期，这里有火车站、邮局、银行，还有旅馆、高级料理店、运输贸易行等。如今老街上可见日式木造建筑与洋楼建筑错落，虽然外观老旧，却没有其他老街再造后的制式门面与嘈杂的店铺，仍为老居民、老产业自在安居之所。

老街保卫战，唤起当地民众认同感

新滨街的土地在二战后辗转归为市有土地，数十年来这里的居民即便按时缴纳地价税、房屋税等，却始终没有土地所有权，深恐有一天房子会被政府收回，长期以来都不敢改建房屋，只敢简单修缮，反而因此保留下街道的历史纹理。“但在过去，居民也嫌这一带又老又旧，是经过历史街廓保存运动的洗礼，人们才开始用不同的眼光看待家乡，并渐渐产生认同感与自豪感。”郭晏缇说明街廓保卫战的背景。

2012 年 3 月，高雄市政府工务局为了开发新滨老街（都市计划称该区为广场第三类用地），贴出公告将拆除当地 30 多栋房子，以辟建停车场。居民接到突如其来的通知，恐慌之余更感到气愤，当地文化空间贰楼茶馆的老客人也不满推土机式的都市更新，在各界人士的号召下，不到十天，当地居民与关心高雄都市发展的人士集结起来，共同向市政府抗议。他们着手调查街区的历史故事，提出历史街廓的保存论述，呼吁市政府不应强迫安居数十年的老居民搬迁。或许受到当时台北文林苑拆迁事件的涟漪效应影响，新滨老街的抗争得到了重视，高雄市政府承诺暂缓拆除。

郭晏缇坦承，自己成长于新时代，对过往浑然不知，是因为历史街廓保存运动的刺激，才开始对地方史与家族史进行探寻，从她祖母遗留的老照片与家族户籍变迁中寻找线索。如今年过五十，郭晏缇的生活重心从台北移回家乡，并连续担任两届打狗文史再兴会社理事长，对文化保存的热忱一点儿也不输会社的年轻伙伴。

整修规划

用最少的经费，延续老屋生命

2012 年 9 月，打狗文史再兴会社宣告成立，以延续历史街廓保存运动的能量，成员包括居民、设计师、艺术家、建筑师、环保工作者、文字工作者等。会社成立前他们已租下这栋木造建筑作为基地，幸运的是，八十多岁的屋主龚阿嬷也认同会社理念，只收取了“可以支付房屋税及地价税”的微薄房租。老屋的修缮工作全靠会社志愿者的同心协力，从清扫厚重灰尘、搬移旧物、整理可用的家具，到修缮门窗、埋管线、盖厕所，全都自己来，半年后，百年老屋重获新生，会社热闹开张。

加上后院空地，会社一楼占地约 $260m^2$，空间改造的原则是修旧如旧，外观保留原雨淋板结构，唯有一楼左侧的立面因为曾被改为车库出入口，整修时移除了铁卷帘门，重新复原木墙与木窗外观，入口的木拉门未做变动。至于内部装修，由于一楼为办公区及聚会区，因此采用有穿透感的木结构隔间，以区分不同功能属性。由于屋龄老，整修时还加强了主要横梁及木柱结构，重新装设配电设备。屋内的编竹夹泥墙部分已经剥落，因此墙面重新粉刷了灰泥。

通往二楼的木制楼梯被完整保存下来，只有二楼地板严重破损，补强后未做多余装潢。考虑到楼梯承载力有限，二楼未开放参观。屋顶木结构先前已严重损坏，原屋主用钢构支撑并将屋顶改为铁皮。此外，会社在后院新建了厕所，建材都是再次利用的旧砖料及旧木料，后院空地还以生态方式改造，移除原本的硬铺面，种植草木。

木工进阶班在修复会社办公室天花板
（图片提供/打狗文史再兴会社）

打狗文史再兴会社的整修工程，除了配电设施外，全都由会社志愿者亲手完成，不少材料都是回收的老件旧料，全部开销仅十多万元，且多花费在购买卫浴设备、水泥等材料上，但修复的结果让许多专家赞叹不已，被认为留住了老屋的质朴感。

木工班上课过程——组装门框
（图片提供/打狗文史再兴会社）

各式精心制作的文史地图，是深度认识哈玛星的窗口（图片提供/打狗文史再兴会社）

从打狗文史再兴会社的修复经验中，郭晏缇反思台湾地区正盛的老屋风潮，她指出，在推动老屋改造时，主要存在两个困境：其一，历史建筑修复技术面临断层，传统匠师凋零，有些大木作工艺（指与建筑整体木框架构有关的营造工法），还得去日本学习；其二，“修旧如旧”需要时间与恒心，遗憾的是，管理部门往往为求政绩与效率，花了大笔预算结果反而修得太新，

老屋整修过程留下的旧建材，让人一窥时代演变的痕迹

→打狗文史再兴会社是附近居民、文史人士与观光客的交流平台

罔顾传统工艺，而私人修老屋则常寄希望于老屋带来商机，罔顾历史脉络，修得只剩躯壳。

运营

保存老屋是为了诉说人的故事

从守护老街运动一路走来，打狗文史再兴会社的伙伴坚持“傻瓜精神”打前锋，创造了老屋再生的另类典范。2013 年，会社成立小区木工班，招募有志之士学习木工，当时他们以小区内一处闲置的老屋作为实习基地，进行木造建筑的保存与修复，还找老师傅教授传统榫接窗扇、编竹夹泥墙等工艺，以协力造屋的精神恢复原先木造建筑的风貌，同时传承老屋修缮技术。“房子最重要的灵魂是

人，保存老屋是为了利用房子说故事，而非赚钱、观光。”郭晏缇说，新滨街内有几处再利用的老屋都颇有特色，而会社也致力于对小区内居民的老屋保护教育，如号召居民一起动手改造小区景观、收集老照片与老故事并策划展览、举办艺术市集、出版历史街区相关图书与地图等。

近年来，高雄市政府编列大笔预算投入高雄旧港区的再造与重生，会社也不改监督角色，从 2018 年 9 月起，会社更利用文化事务主管部门计划经费举办了一系列公民文化论坛，由下而上探讨城市观光如何兼顾文物保护与市民生活，期盼有一天，城市发展能够真正与历史文物保护共存共生。

（文／陈歆怡　摄影／陈伯义）

打狗文史再兴会社

老屋创生帖

自力营造老屋，
期盼文史保存与城市发展能共存共生。

郭晏缇

老屋再利用建议

1. 历史建筑修复技术在台湾地区面临断层，传统匠师不好找，许多营造工法得去日本学习。
2. “修旧如旧”需要时间与恒心，公共部门千万别为求政绩与速效，花了大笔预算反而修得太新。
3. 从修缮老屋到号召居民一起改造小区景观、收集当地故事，可以激发居民对地方的认同感与自豪感。

老屋档案

平面配置

开放时间 / 周二至周日11：00—16：00（周一公休）
古迹认证 / 无
起建年份 / 20世纪10年代
原始用途 / 佐佐木商店高雄分店（初代商店）
建筑面积 / 一楼约260m²
改造营业日期 / 2012年7月
建筑所有权 / 私人
经营模式 / 租赁
修缮费用（新台币）/ 10多万元
收入来源 / 100%捐款

著作权合同登记号桂图登字：20-2024-020 号

图书在版编目（CIP）数据

老屋创生：传统空间改造与更新 / 陈国慈编．—桂林：广西师范大学出版社，2024.9
ISBN 978-7-5598-6900-5

Ⅰ．①老… Ⅱ．①陈… Ⅲ．①居住区－旧房改造－案例－中国
Ⅳ．① TU984.12

中国国家版本馆 CIP 数据核字（2024）第 081926 号

老屋创生：传统空间改造与更新
LAOWU CHUANGSHENG: CHUANTONG KONGJIAN GAIZAO YU GENGXIN

出 品 人：刘广汉
责任编辑：季　慧
装帧设计：马　珂
广西师范大学出版社出版发行
（广西桂林市五里店路 9 号　　邮政编码：541004
网址：http://www.bbtpress.com）
出版人：黄轩庄
全国新华书店经销
销售热线：021-65200318　021-31260822-898
恒美印务（广州）有限公司印刷
（广州市南沙区环市大道南路 334 号　邮政编码：511458）
开本：720 mm × 1 000 mm　1/16
印张：19.75　　字数：280 千
2024 年 9 月第 1 版　　2024 年 9 月第 1 次印刷
定价：128.00 元
